U0193189

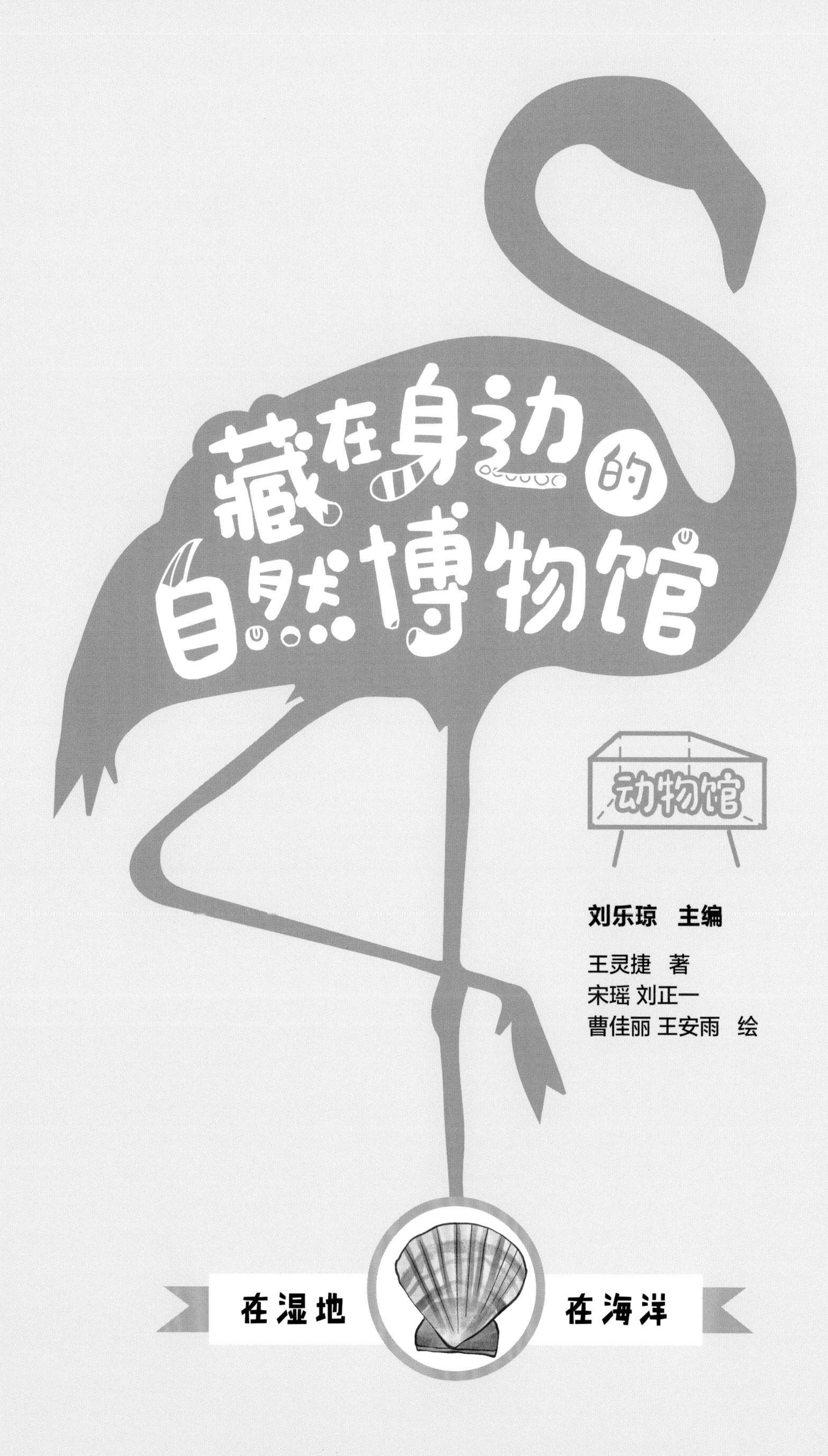

刘乐琼　主编

王灵捷　著
宋瑶 刘正一
曹佳丽 王安雨　绘

童趣出版有限公司编　　人民邮电出版社出版
北　　京

序言

中国科学院院士致小读者

在人们的生活中，几乎到处都能见到动物，无论是常见的鸡、鸭、鹅、猫、狗、羊、猪，还是小到会被我们忽略的蚊、蝇，它们都与人类密切相关，有的是人类的朋友，有的则是人类的敌人。许多人喜欢动物，尤其是孩子们更喜欢看动物，跟动物玩耍，和动物交朋友。然而，人们对这些动物的生活习性、生活环境、个体特征并不很了解，该保护的不知怎么保护，该躲避的不知如何去躲避……

由教育工作者和科学工作者共同合作完成的《藏在身边的自然博物馆 · 动物馆》这套书，以优美逼真的图画和生动童趣的语言，详细描绘了森林、草原、沙漠、极地等不同环境条件下的各种动物，有天空飞的，地上跑的，水里游的……为孩子们展现了丰富多彩的动物世界，犹如身边的动物园，使孩子们不出家门就能看到动物，了解动物与生态环境的关系， 动物与人类的关系，为孩子们打开一扇走近动物世界、爱上大自然的门窗。

主编的话

孩子王献给孩子们的礼物

我是一名幼儿教育工作者，15年前自北京师范大学学前教育系毕业后，就来到中国科学院幼儿园工作，成为了一名名副其实的“孩子王”。和孩子们待久了，会被他们眼中的光和心中的爱所感染，他们成为了我的老师。

他们是一群对世界充满了热烈的爱的人。目光所及，都是因爱而生的热烈拥抱，不论是一个同伴、一只小动物、一棵大树、一池沙子还是一汪泥潭，孩子们最喜欢做的就是毫不掩饰自己的喜爱，奔向他们，拉住他、摸摸它、抱抱它、捧起它、踩踩它。

他们是至真的，用真实的想法、真实的行动、真实的情感，去探索、发现这个世界的真相。他们是至善的，万物没有高低贵贱，在他们那里一概得到公平的拥抱。他们是至美的，艺术在他们那里是有一百种的，树叶沙沙、鸟鸣啾啾即是音乐，光影炫动、花红柳绿即是美术，心随我动即是舞蹈，每个符号都是创造，每个经过孩子手的物件都是新派艺术。

大自然就是孩子们最好的课堂，他们愿意去和植物、动物亲近，这仿佛是一种天然的联系。就像这套书里所描绘的，斗蛐蛐儿、观察乌龟、和小鸟为伴、抓蚯蚓、用树枝逗一逗西瓜虫，和大自然为伴，他们就好像拥有了幸福快乐的超能力。

和孩子们一起，看着他们，听着他们，读懂他们，理解他们，进而向他们学习，是难得的幸福，这就是做孩子王的快乐。

受益于孩子，总想把“最好的献给孩子”。

对儿童来说，什么是最好的呢？我一直告诫自己，不能用成人的视角替孩子说话，妄下结论。作为孩子王的我，比常人有更多向孩子们请教的机会，我时常用眼神、语言、动作去追寻孩子们的期望，得出了三点启示。

一是用孩子懂的方式呈现在孩子们面前的，往往是孩子们眼中的“好”。

二是用同伴式而非教师爷的方式来到孩子身边的，也能得孩子们的欢心。

最后一条，假如你是充满爱意的，孩子们总能感受到，而且也愿意热烈地回应你。

这是我做孩子王的心得，不论是做老师还是做父母的你，都可以试试。此次受邀组织编写一套写给孩子们的科普书，我也践行以上三点体会。

要让孩子读得懂，就得从孩子们身边抓取信息，比如狗是人类的好朋友，它们是怎样和我们互助的？猫咪的眼睛颜色为什么那么奇怪？瓢虫身上究竟有几个点点？喜鹊和乌鸦是亲戚吗？金鱼的腮帮子一闭一合，是在玩什么呢？

同伴式的呈现，不是急于告诉孩子们什么，而是用同伴的指引，共同去发现书中的秘密，通过一些引导式的精巧设计，仿佛给孩子找了一个好朋友，共读、共研、共学、共成长。就像书里特意绘制的孩子玩耍的场景，会自然而然把孩子带入进来。

而爱意就在那些精美的读给孩子听的文字里，在那些经过了无数次打磨的优美的线条、多姿的色彩和无数的细节刻画里。

孩子们，我把这套书献给你们！

刘乐琼

中国科学院幼儿园

目录

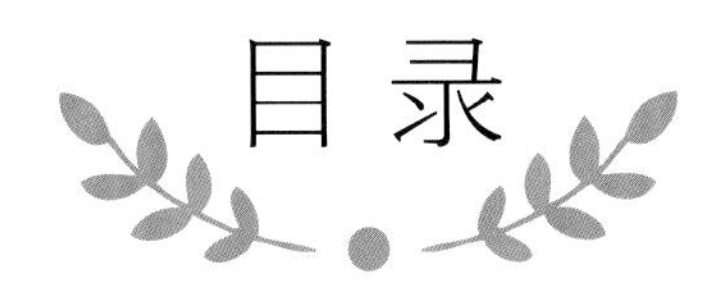

栖息在江河湖泊

生命离不开水，有些动物一辈子都生活在有水的地方。

不论是在小池塘里安家，还是在海洋深处生存，与水为伴的动物们都拥有毫不逊色于陆地动物的本领。

第一站，我们要一起探访淡水水域的动物们。

生活在淡水中的动物多种多样，它们身上都有为了适应水环境而生的“秘密武器”。生活在湍急溪流中的小动物们，有的长有吸盘或者小钩，可以让身体紧紧附着在光滑的石头上；有的身体呈流线型，可以减小水流经过的摩擦力……淡水深受哺乳动物、两栖动物、鱼类和鸟类等动物们的喜爱。

再见，白鱀豚

白鱀豚，脊索动物门，哺乳纲，鲸目，白鱀豚科

同长江江豚一样，白鱀豚是另一种我国特有的小型淡水鲸，被列为我国一级重点保护野生动物，可人们已经许久没能在野外发现它们的踪影了。能再见到白鱀豚是我们的美好愿望。

白鱀豚的长相很有个性。它们有着又窄又长的吻部，前端还微微向上翘。成年的白鱀豚可以长到 2 米长，可它们的眼睛却特别小，就像两颗黑豆子镶嵌在脸的两侧。

白鱀豚的胸鳍比较短，但十分有力。

再见，白鱀豚

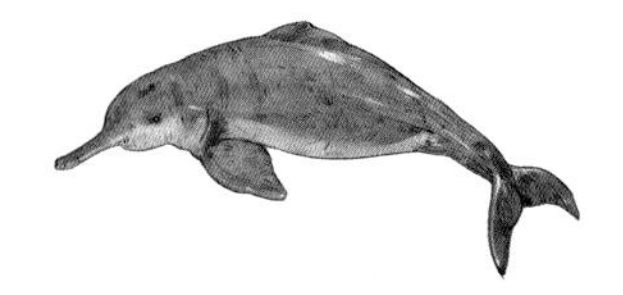

或许我们还能在野外见到这群“小眼睛”，又或许我们刚刚认识这种可爱的生命，却再也不能和它们见面。我们要把保护动物的意识放在心里，一定能让更多动物获得美好的未来。

白鱀豚中的明星——淇淇

1980年，渔民捕获了一头雄性白鱀豚，它被中国科学院水生生物研究所救助并饲养了起来，起名为“淇淇”。淇淇为我们打开了了解白鱀豚的大门，但直到 2002 年淇淇离开这个世界，我们还是没能为它找到伴侣。

爱笑的江豚

江豚，脊索动物门，哺乳纲，鲸目，鼠海豚科

如果你见过江豚，一定会被它萌萌的“笑容”打动。江豚的外形和海豚很像，但是它们的后背光溜溜的，没有背鳍。

虽然生活在水中，但江豚却不是鱼类，而是哺乳动物。和我们人类一样，江豚是用肺呼吸的。它们时不时就要出水呼吸一口，把氧气储存到体内备用。为了便于换气，江豚们的鼻孔是长在头顶的，出水时会喷出高达几十厘米的水柱。不过除此之外，它们无论是觅食、嬉戏，还是睡觉，都是在水下进行的。江豚妈妈们还要在水中生下自己的宝宝呢。

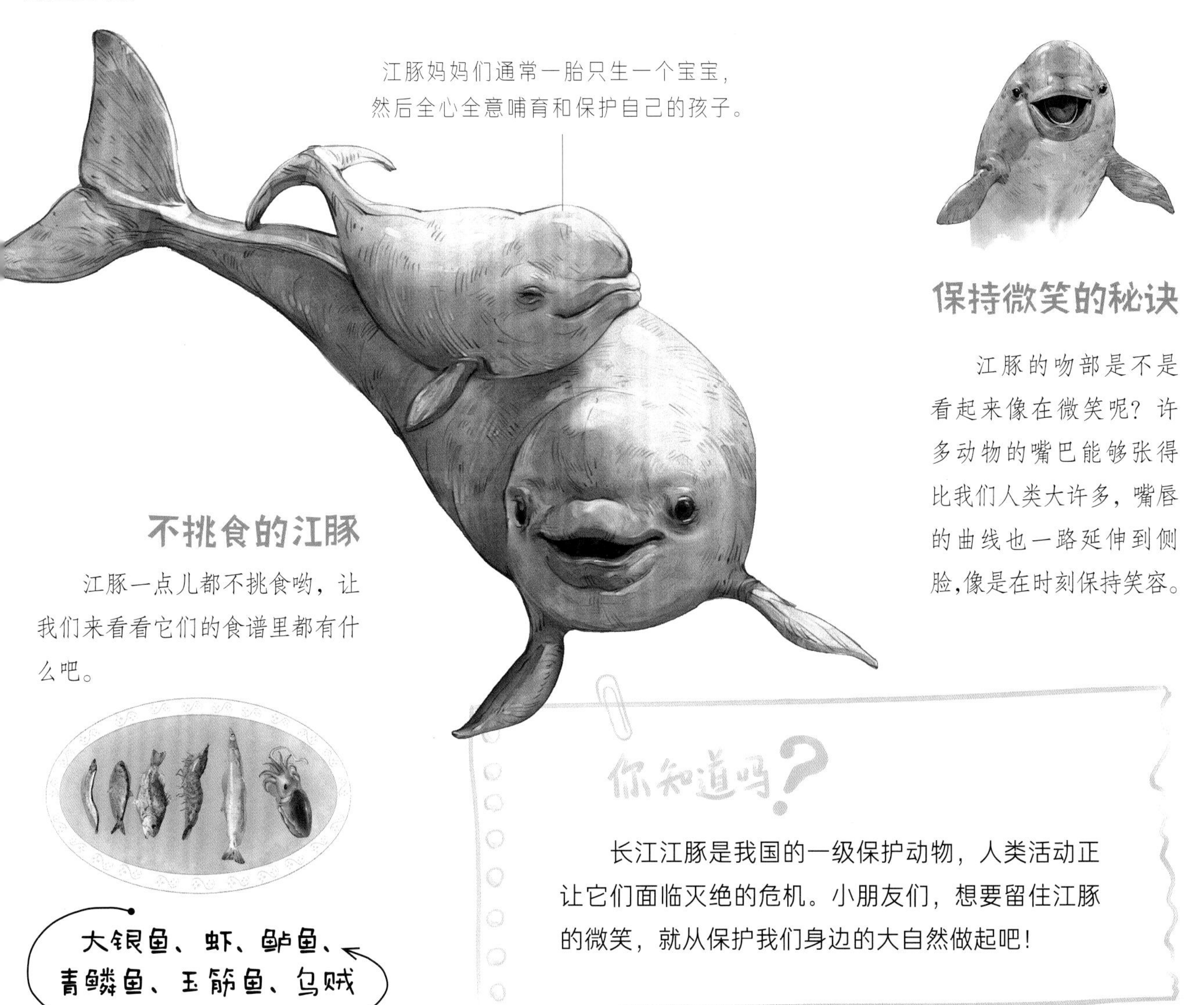

保持微笑的秘诀

江豚的吻部是不是看起来像在微笑呢？许多动物的嘴巴能够张得比我们人类大许多，嘴唇的曲线也一路延伸到侧脸，像是在时刻保持笑容。

不挑食的江豚

江豚一点儿都不挑食哟，让我们来看看它们的食谱里都有什么吧。

你知道吗？

长江江豚是我国的一级保护动物，人类活动正让它们面临灭绝的危机。小朋友们，想要留住江豚的微笑，就从保护我们身边的大自然做起吧！

大鲵也叫娃娃鱼

中国大鲵，脊索动物门，两栖纲，有尾目，隐鳃鲵科

如果你觉得中国大鲵这个名字陌生，那你一定听说过它的另一个名字，娃娃鱼。许多人认为它们在水中发出的声音很像小孩儿的哭喊声，故因此得名。

大鲵的脑袋又宽又大，四肢却像婴儿的小胖手一样短小粗壮，看起来憨厚又可爱。它们的皮肤十分光滑，既没有鳞片，也不长毛发，因为它们可以通过皮肤呼吸，这可是两栖动物的生存秘籍之一哟。

大鲵不怕饿！

大鲵的新陈代谢很慢，所以大鲵几个月甚至一两年不吃饭都不会被饿死呢。

大鲵会隐身？

大鲵身上通常都带有深色的不规则斑纹，从远处看就像一块平平无奇的大石头一样。这样的保护色能够让它们隐蔽在岩石之间。

大鲵的前肢各有4个指头，而后肢各有5个趾头。

你见过大鲵眨眼吗？

大鲵的眼睛不具备能够自由活动的眼睑，也就是说，我们没有机会看到大鲵眨眼了。

水中的“活化石”

中华鲟，脊索动物门，硬骨鱼纲，鲟形目，鲟科

在我们的印象中，鱼类的寿命似乎都不长。但生活在我国长江的中华鲟可以活到 40 岁呢。中华鲟不仅拥有很长的寿命，它们早在白垩纪就开启了地球生活，称得上是动物界的“活化石”了。

中华鲟身上有五条纵向的硬硬的棱，这是它们的骨鳞。中华鲟全身这样刚硬的轮廓在鱼类中不是很常见，也让中华鲟看起来就像一件“古董”。

尾巴长歪了？

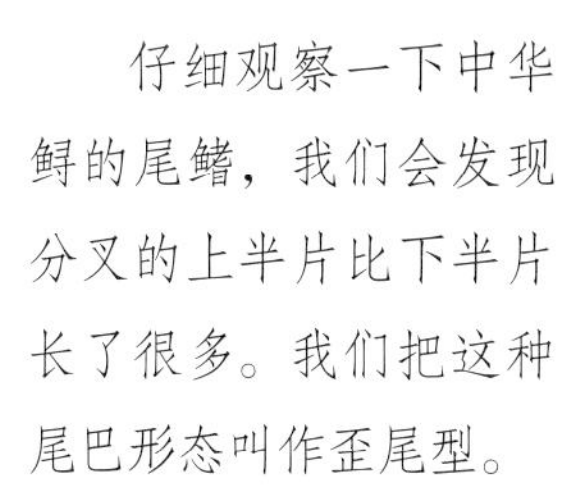

仔细观察一下中华鲟的尾鳍，我们会发现分叉的上半片比下半片长了很多。我们把这种尾巴形态叫作歪尾型。

中华鲟的嘴巴在哪里？

中华鲟的嘴巴位于头部下方，远远看去，是不是和鲨鱼有点像呢？中华鲟喜欢吃虾、蟹等小型动物，位于下方的嘴巴能让它们轻松地享用这些生活在水底的“美食”。

中华鲟的旅途

葛洲坝水利枢纽

中华鲟会在每年夏、秋时节，游往长江上游的金沙江一带产卵。由于葛洲坝水利工程恰好位于它们的旅途中，中华鲟曾陷入生存的困境。不过，人们坚持人工繁育并放归自然，为中华鲟带来了希望。

鳑鲏（páng pí）鱼的“托儿所”

鳑鲏，脊索动物门，硬骨鱼纲，鲤形目，鲤科

你见过鱼妈妈产卵吗？鱼儿最常见的产卵方式就是把卵直接排到水中，可是有一种鱼的宝宝却是从河蚌里“出生”的哟，那就是生活在淡水流域的鳑鲏鱼。

鳑鲏鱼是我国原生的观赏鱼类，身长50~70毫米。到了繁殖季节，鳑鲏妈妈会将长长的产卵管伸进河蚌体内，释放鱼卵。随后鳑鲏爸爸则会使精子随水流流入河蚌里，受精卵会在河蚌这个“托儿所”里安全地发育，等鱼宝宝可以自由游动时就会从河蚌里“生”出来啦！

鳑鲏妈妈会将卵产在河蚌里。

美丽的“中国彩虹”

到了繁殖季节，鳑鲏爸爸会在体侧和背鳍的边缘装点上金属光泽的色彩，在太阳的照耀下显得十分美丽。

鳑鲏妈妈是“养母”

河蚌“托儿所”可不是免费的哟，在鳑鲏妈妈产卵时，河蚌会将自己的宝宝排出来，河蚌宝宝会寄生在鳑鲏妈妈身上，直到长成幼蚌才离开。

鳑鲏鱼的超强听力

鳑鲏鱼属于鲤形目，和我们最熟悉的鲫鱼来自同一个家族。鲤形目的鱼拥有一个叫作“韦伯器”的特殊器官，能使鱼儿感受到水中的声波，使它们拥有超强的听力。

捕鱼高手——鸬鹚

鸬鹚，脊索动物门，鸟纲，鲣鸟目，鸬鹚科

鸬鹚也叫鱼鹰，这个名字告诉了我们一个秘密：它是一个捕鱼高手。鸬鹚捉鱼的时候就像雄鹰一样迅猛呢。鸬鹚的趾间有蹼，它们不但是游泳健将，还十分擅长潜水，能够迅速扎入水中捕鱼。鸬鹚这种特殊的本领让它们成为了渔民们的得力助手。

鸬鹚的捕鱼工具

让我们看看鸬鹚的捕鱼工具吧。鸬鹚的喙很长，上喙的尖端还向下弯曲，如同一个鱼钩。鸬鹚喉咙的位置长有喉囊，就像一个可以临时储存食物的大口袋。

捕鱼表演秀

戴着特制脖套的鸬鹚在出水后无法立刻吞下猎物，渔民就能截获它们的战利品。当然，在捕鱼结束后，这些好帮手们也会得到渔民的额外奖励。

你知道吗？

鸬鹚的喉囊可以将鱼肉消化掉，那鱼刺呢？鸬鹚可以将胃内没有消化的鱼骨、鱼鳞等用一个黏液囊反吐出来。

戴“头纱”的中华秋沙鸭

中华秋沙鸭，脊索动物门，鸟纲，雁形目，鸭科

中华秋沙鸭是我国特有的物种，早在一千多万年前就出现了。在野外，中华秋沙鸭可是水鸟中最亮眼的，尤其是雄性，因为它们的头上顶着美丽的“头纱”。而且不论是雌鸟还是雄鸟，头部的羽毛都向脖子后伸长并下垂，就像一簇小辫子，就连它们的宝宝都戴着这样的羽冠呢。中华秋沙鸭身体两侧的羽毛也很特别，每一片羽毛都勾着深色的边，看起来就像鱼鳞一样。

左边的是雌鸟，
右边的是雄鸟。

鸭子也会飞？

中华秋沙鸭可是飞行小能手，它们每年都会进行大规模的迁徙。在我国境内，中华秋沙鸭们会在东北地区繁殖，再飞往长江中下游地区度过冬天。

温馨的家庭出游

普通秋沙鸭

秋沙鸭一窝能生下8~10枚蛋，小鸭子长大后会跟着爸爸妈妈一起出游。在繁殖季，人们经常能看到秋沙鸭一家在水面上游泳的场景。

你知道吗？

中华秋沙鸭是我国的一级重点保护动物。人们在它们的繁殖地建立了大型自然保护区，希望这种古老的鸟类能够继续把它们的故事讲下去。

出没在湿地沼泽

湿地和沼泽地带常年保持湿润，适宜各种植物的生长，也吸引了形形色色的动物到访。我们的第二站，就要寻找水岸边的动物足迹。

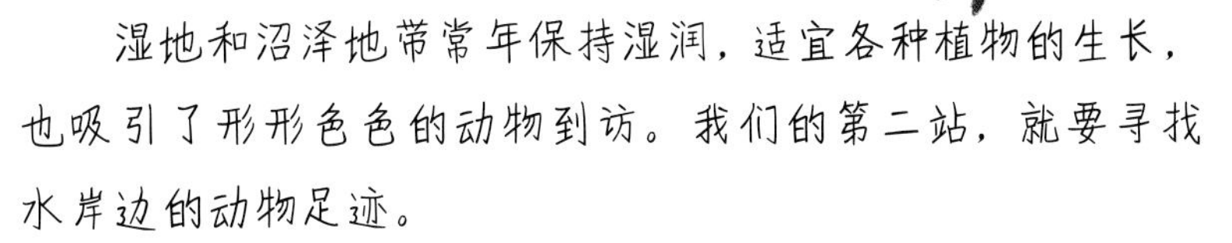

高耸的水生植物，给鸟类和小型动物们打造了天然的隐蔽所。流动的水源富含氧气和营养物质，丰沛了土壤和水中的生命，也给这里的动物们带来了源源不断的食物。我们要去草叶之间探索，在土壤之下发现，还要静静在水面上守候。

看似平静的水岸，充满生机。

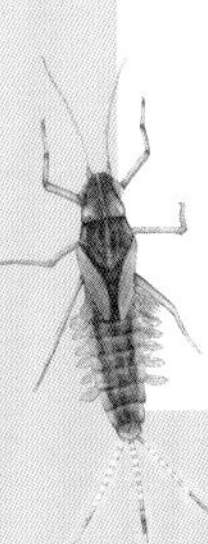

身材娇小的扬子鳄

扬子鳄，脊索动物门，爬行纲，鳄目，短吻鳄科

鳄鱼有时会让我们想到已经灭绝的恐龙，似乎古老又神秘。在它们之中，有一位身材娇小的成员，就是我国特有的扬子鳄，它们的故乡在我国长江流域，所以有了“扬子鳄”这个名字。成年的扬子鳄体长跟一个成年人差不多，虽然体形不大，但它们在古老的中生代也曾经是“地球一霸”呢。

扬子鳄的吻部比较宽且短，属于短吻鳄，它们以禽类或者小型动物为食。

鳄鱼怎么过冬？

到了冬天，鳄鱼会钻入自己挖的洞穴冬眠。在冬眠的过程中，它们的心跳速度会变得非常慢，代谢活动也会减少，体温几乎低至0℃。直到第二年春天，气温回升，它们才会醒来。

鳄鱼是“爱哭鬼”吗？

鳄鱼的眼睛有特殊的泪腺，能够分泌液体来湿润眼球。而且鳄鱼的眼泪中盐的含量很高，所以流泪也是它们排出体内多余盐分的方式。

鳄鱼妈妈办法多

鳄鱼是变温动物，身体不能维持稳定的温度，因此鳄鱼妈妈们在产卵后不能孵卵。围在四周的腐败植物会持续散发出热量，加上阳光的加热，鳄鱼宝宝们就能在卵中逐渐发育成熟。

“四不像”就是它

麋鹿，脊索动物门，哺乳纲，偶蹄目，鹿科

麋鹿是我国特有的一种鹿，它们为什么被叫作“四不像”呢？这是因为它们的头、面部像马，角像鹿，蹄子像牛，而尾巴像驴。那它们到底属于哪种动物呢？其实，麋鹿是一种珍稀的鹿科动物，曾经在野外灭绝，经过人工放养，重新回到了栖息地。

麋鹿喜欢群居，生活在沼泽地带。

鹿角是“半永久”的？

雄鹿们大都长着迷人的带分叉的角，不过这些角每一年都会脱落再长哟。角的外面包裹着富含血管的皮肤，如果我们触摸刚长出的鹿角，甚至能感受到温热呢。

“四不像”大有讲究

麋鹿看似奇怪的外貌可不是随便长的哟，那都是为了适应环境，是自然选择的结果。比如麋鹿长长的“马脸”能帮助它们在喝水的同时观察到周围的风吹草动。它们外形上有哪些动物的影子，你记住了吗？

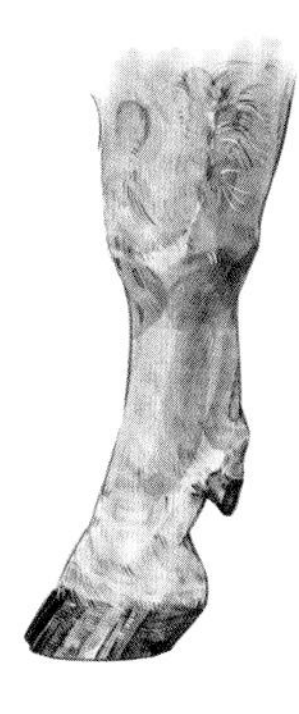

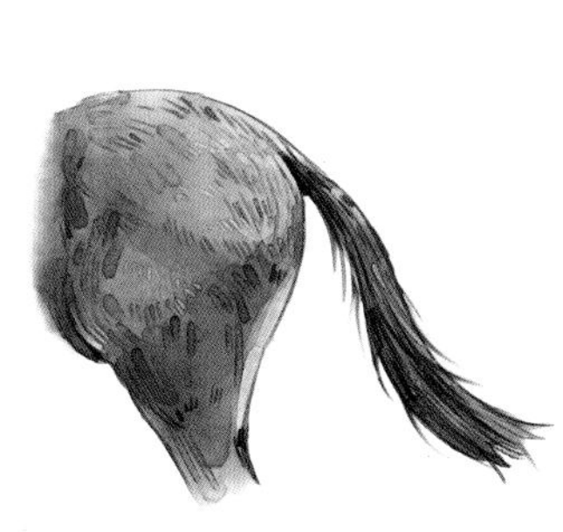

一行白鹭上青天

小白鹭，脊索动物门，鸟纲，鹳形目，鹭科

小白鹭是沼泽地常见的鸟类，一双长腿能帮助它们在浅水中边走边找寻食物，又不会打湿身体。它们喜欢吃的通常是河底淤泥中的小型甲壳类动物，因此尖长的喙必不可少。

像小白鹭这类适应了涉水生活的鸟，叫作涉禽。它们通常都拥有细长的脖子，可以探寻到水底；还有长长的喙，令再小的猎物也无法脱身；修长的双腿则让它们在沼泽中来去自如。

小白鹭穿"纱裙"

进入繁殖期后，小白鹭脑袋后面会飘起两根白色的"小辫子"，就连胸部和背部都有零散的羽毛装饰，像穿了纱裙一样。

小白鹭长大了是大白鹭吗?

不，大白鹭是另一种鸟类，外形和小白鹭相似。大白鹭的个头在涉禽中属于大型的，能长到1米高。

你知道吗?

我们中国人对白鹭的喜爱由来已久，早在《诗经》里就有它们的身影了，而且李白、辛弃疾等都为白鹭作过诗，白鹭可以说是我国文学作品里的"常客"了。

优雅的丹顶鹤

丹顶鹤，脊索动物门，鸟纲，鹤形目，鹤科

丹顶鹤有个优雅的名字，那就是仙鹤。修长的轮廓和不张扬的色彩，确实让丹顶鹤们自带仙气。丹顶鹤身上由黑、白、红三种颜色构成，在茫茫白雪中，它们羽毛和腿的黑色与头顶的红点显得格外突出。在中国的许多传统绘画和建筑装饰上都能见到丹顶鹤的身影。

丹顶鹤宝宝会变色?

新生的丹顶鹤宝宝浑身披着黄褐色的羽毛，远看和鸭宝宝有点儿像。鸟类的宝宝在长成爸爸、妈妈的样子前，都要经历一段换羽期，那也是它们最脆弱的时候。

头顶一点红

丹顶鹤因其头顶一抹美丽的红色而得名。其实，丹顶鹤头顶的红色不是羽毛，而是露出的皮肤。丹顶鹤成鸟头部会慢慢“谢顶”，由于它们的头皮下方有大量的毛细血管，就导致露在外面的头皮呈现出红色了。

丹顶鹤是“舞蹈家”

丹顶鹤在求偶时不仅会一展歌喉，还会跳舞呢。丹顶鹤的舞姿优美，可以说是天生的“舞蹈家”。

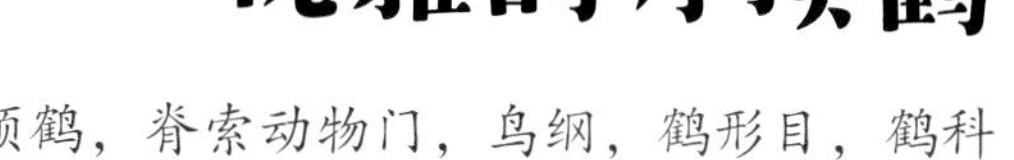

火烈鸟不火烈

火烈鸟，即红鹳，脊索动物门，鸟纲，红鹳目，红鹳科

即使从很远的地方观赏，火烈鸟的色彩依旧那么艳丽。因此许多动物园都会把它们的展区安排在入口处，作为“迎宾大使”。火烈鸟的喙前端是黑色的，基部是粉红色的，好像被刷了彩漆一般。虽然火烈鸟拥有一个热烈的名字，但它们其实性情很温顺哟。

长相奇特的嘴巴

火烈鸟有一个极其别致的长喙，从中央部位隆起并突然向下弯曲，呈镰刀形。小朋友，试一试捏拢五指，然后整个手腕略向下弯，是不是很像火烈鸟的喙呢？火烈鸟特殊的喙能帮它们过滤出细小的食物。

火烈鸟宝宝不火烈

刚刚出生的火烈鸟宝宝长着灰白色的绒毛，小嘴也是笔直向前伸的。成长过程中，随着它们摄入的食物和取食的习惯逐渐改变，羽毛、喙和腿的颜色也变得跟父母越来越像了。

你知道吗？

火烈鸟的食物中含有粉红色的虾青素及其他类胡萝卜素，因此火烈鸟身上也会呈现出同样的色泽。在我国的自然环境中很难遇见火烈鸟，它们的故乡在南非、欧洲等地，冬天则会迁往中东或东南亚地区。

蜉蝣一日

蜉蝣，节肢动物门，昆虫纲，蜉蝣目，蜉蝣科

蜉蝣是一种古老而美丽的昆虫，它们仙气飘飘，拖着细长的尾须成群在空中飞舞，度过短暂的成虫生活。蜉蝣们一旦羽化成成虫，就会在水面上集合，在不到一天的时间里完成交配和产卵，让后代繁衍下去。“婚礼”结束后，蜉蝣爸爸立刻就会死去，而蜉蝣妈妈会继续飞行，把卵产在水中，然后死去。在短暂的成虫期间，蜉蝣们甚至连饭都来不及吃。

蜉蝣在水面上婚飞的场景。

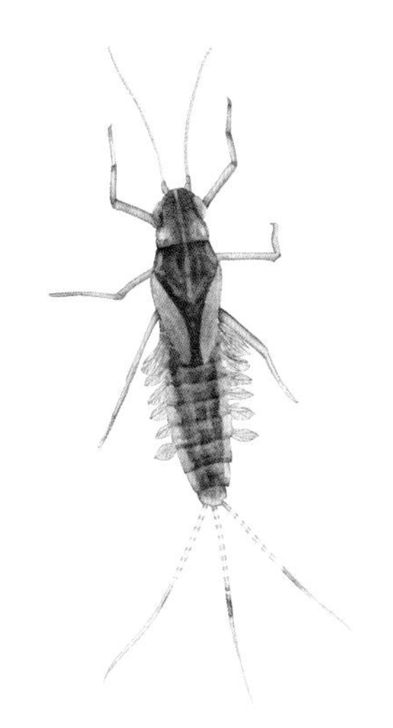

蜉蝣吃什么？

蜉蝣的若虫生活在温度适中、不断流动的活水中，它们附着在水中的物体上，靠吃水里的植物以及藻类等慢慢长大。而蜉蝣成虫的嘴部已经退化，不饮不食，只靠若虫期积蓄的能量来维持生命。

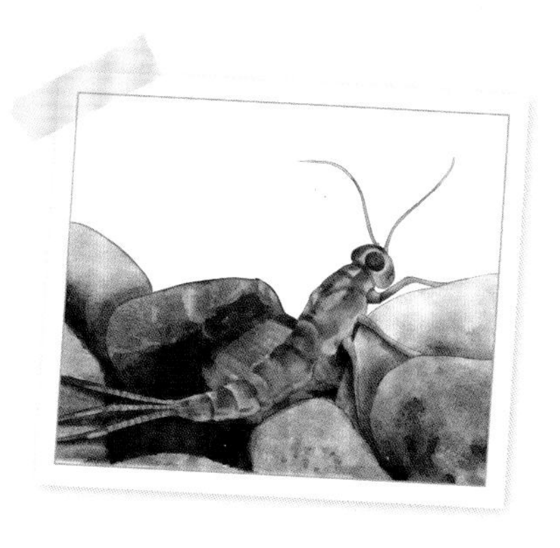

蜉蝣的生命只有一天吗？

如果把蜉蝣的若虫期也算进去的话，它们的一生就长了许多。大多数蜉蝣若虫会在水中生活1~3年，经历数次蜕皮之后，才羽化成成虫。变为成虫后，它们的寿命就只剩下几小时至几天了。

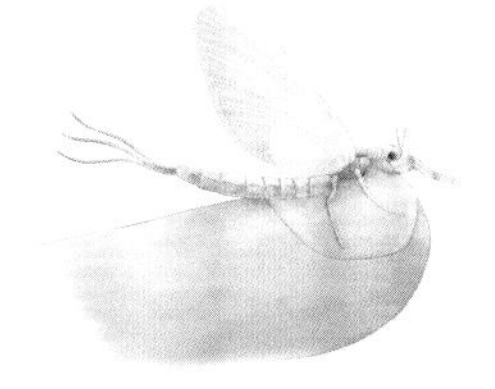

“文学明星”蜉蝣

蜉蝣朝生暮死的浪漫形象使它们在文学作品中早早就占据了一席之地。《诗经》中就描写过蜉蝣的美丽身姿，以及对它们朝生暮死的怜惜。

它不是蜻蜓！

豆娘，节肢动物门，昆虫纲，蜻蜓目

豆娘和蜻蜓都属于蜻蜓目，乍看之下，它们长得非常像。两者之间有什么区别呢？一起来了解一下吧。

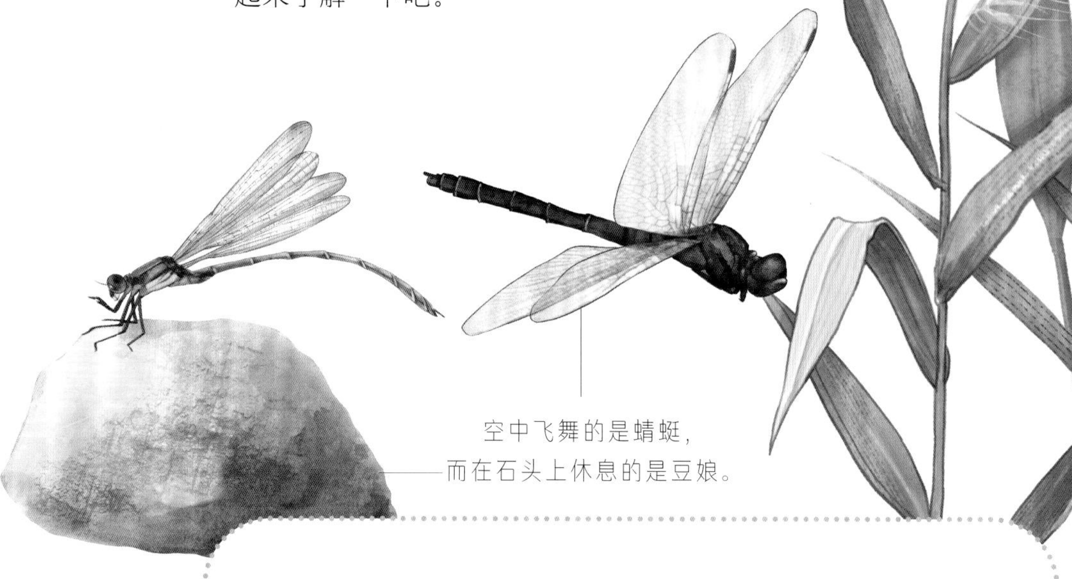

空中飞舞的是蜻蜓，而在石头上休息的是豆娘。

宝宝大不同

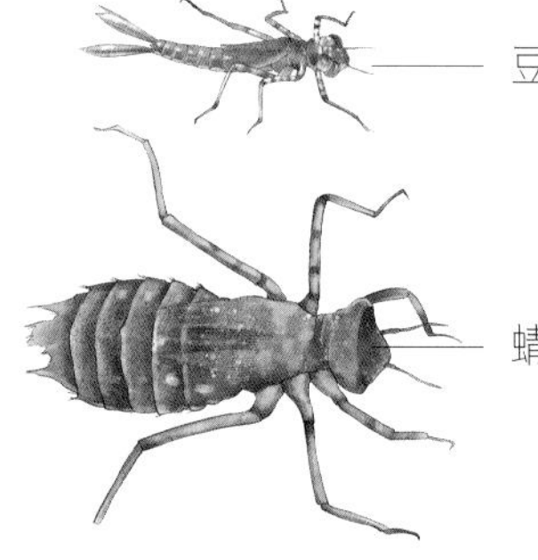

蜻蜓和豆娘的宝宝虽然都叫水虿(chài)，却不完全一样哟。豆娘水虿的身体比蜻蜓水虿的短小许多。水虿们都在水下生活，捕食水中的小鱼、小虾以及一些昆虫的幼虫。

在休息的时候，蜻蜓的双翅是展开的，而豆娘的则收拢在背后。

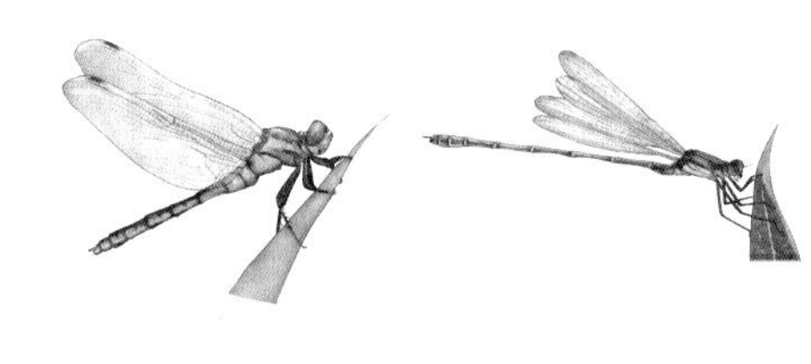

蜻蜓翅膀的基部比较宽，而豆娘的比较窄。蜻蜓的飞行能力也比豆娘要强。

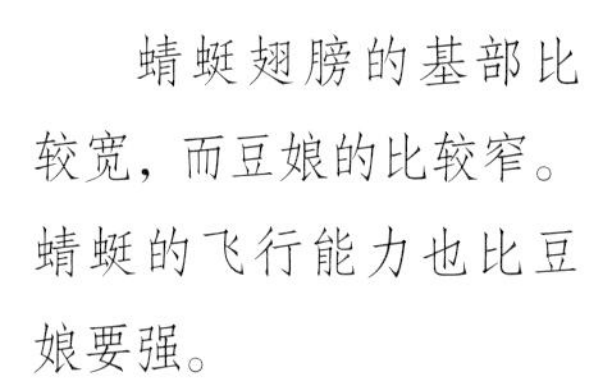

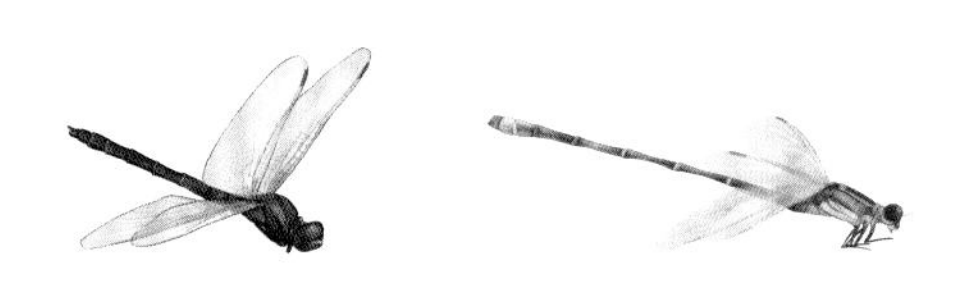

蜻蜓拥有大而圆的复眼，眼睛的间距很小。豆娘的复眼要比蜻蜓的小一些，眼间距却大了很多。

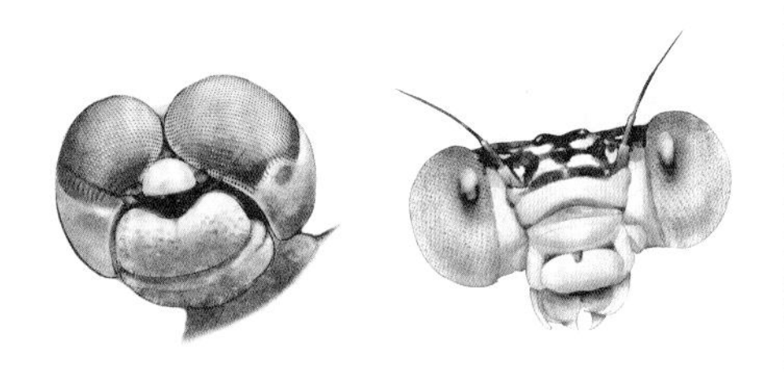

豆娘的身体比较修长，而蜻蜓的相对胖一些。

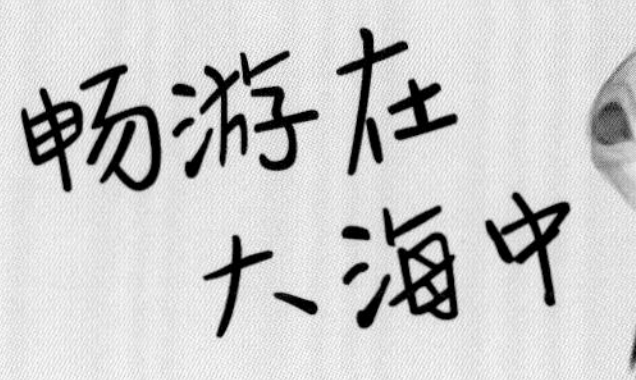

畅游在大海中

我们行走在陆地上，脚下的土地只是地球上非常小的一部分。而在覆盖地球表面最多的海洋里，存在着几十万种生物。

世界上最大的哺乳动物蓝鲸，喜爱追逐船只、和冲浪者一起跳跃的海豚，还有每年跟随洋流迁往鲜为人知的小岛产卵的海龟，它们都生活在海洋中……海洋动物们各怀绝技，在海平面下为生存而战。

接下来，我们要从海岸边开始探索，慢慢深入大洋底，让动物们为我们揭开海洋的神秘面纱。

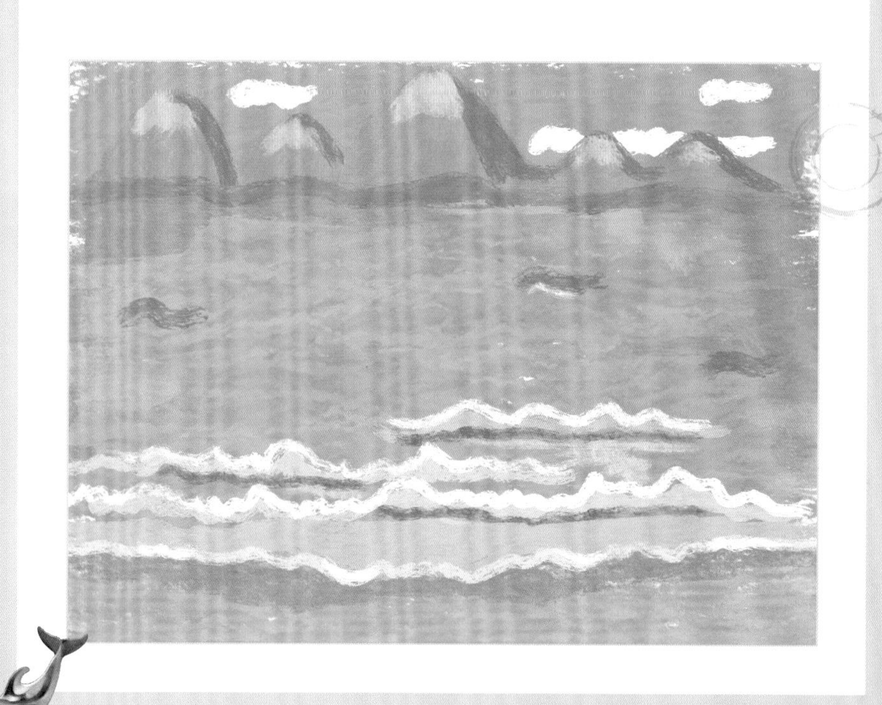

海边的发现

即使不会游泳，我们也能在海滩上感受到大海的魅力。漫步在海边的时候，我们总能见到散落在沙滩上的贝壳、海螺和海草。也许会碰上几只沙蟹，可它们却在下一秒偷偷溜走，不见踪影。我们还能望见海面上有海鸟盘旋，似乎在观察海面下的鱼群。鼓起勇气，往浅滩走一两步，或许我们的双脚就能感受到海浪的冲击。

寄居蟹的家

寄居蟹，节肢动物门，软甲纲，十足目，寄居蟹科

寄居蟹是海滩边常见的动物，远看就像一枚正在移动的海螺。它们的身体弯曲着缩在壳里，只露出脑袋、胸口和腿。这些安放着它们肚子的“房子”并不是与生俱来的，而是它们寻觅到的空螺壳。随着身体长大，寄居蟹们还要“换房”呢，它们会去找更大的空壳作为新家。

有的寄居蟹居住在浅海水域，而有的在海滩上生活。

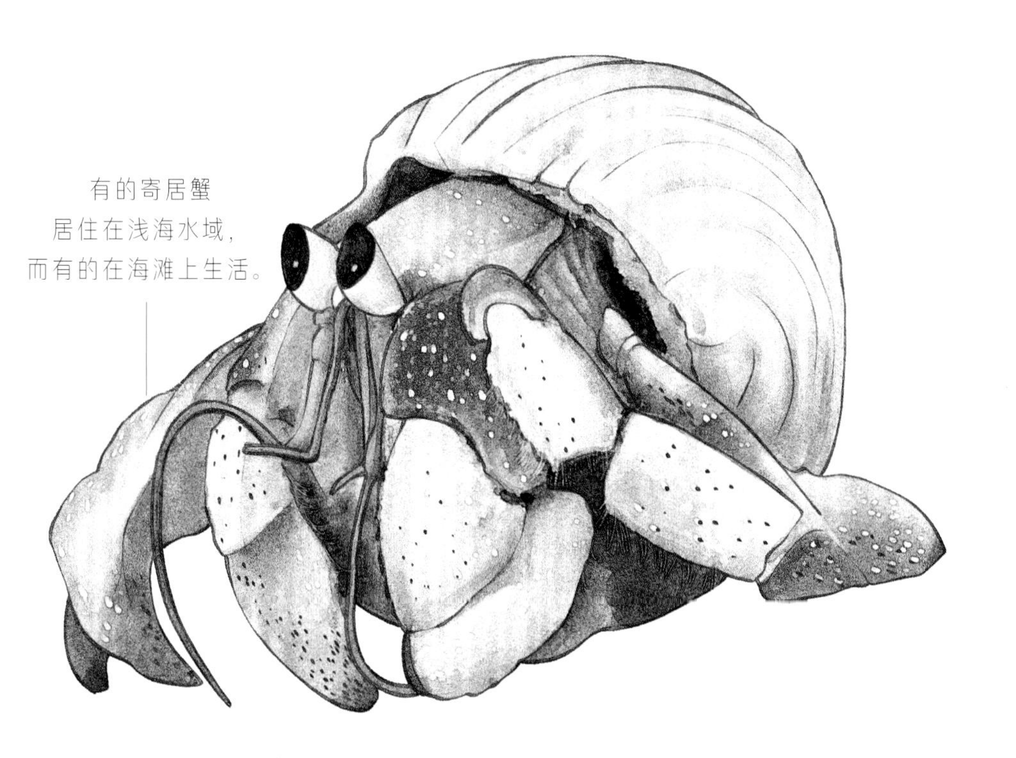

找不到“贝壳房”怎么办？

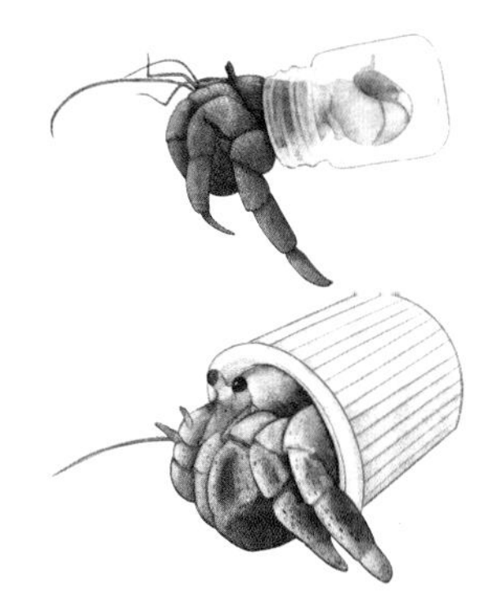

如果没有合适的贝壳，寄居蟹也会在海岸上物色其他的替代品，比如一个玻璃罐。

没有“房子”会怎么样？

寄居蟹的腹部是非常柔软的，一旦失去外壳的保护，就十分容易遭到天敌攻击。因此，寄居蟹们通常在最短的时间内“搬家”。

寄居蟹不挑食

寄居蟹是杂食动物，从软体动物到鱼、虾和植物，它们的食谱十分多样，因此寄居蟹被称为“海边的清道夫”。

海星都有五个角?

海星，即海盘车，棘皮动物门，海星纲，钳棘目，海盘车科

海星是植物吗？其实，海星既不是海洋中的植物，也不是鱼类，而是无脊椎的棘皮动物。它们的身体表面一般长有许多小突起，形状各异，我们熟悉的海参和海胆也属于棘皮动物。海星的家族很庞大，我们现在已知的海星种类就有一千多种呢，它们就像一颗颗星星一般点缀着大海。有时，我们能在海滩上发现被冲上岸的海星，不过不要随意用手触碰它们哟。

海星大多数都拥有五个角，也就是五条腕。当然，也有一些种类是例外。

海星身体辨一辨

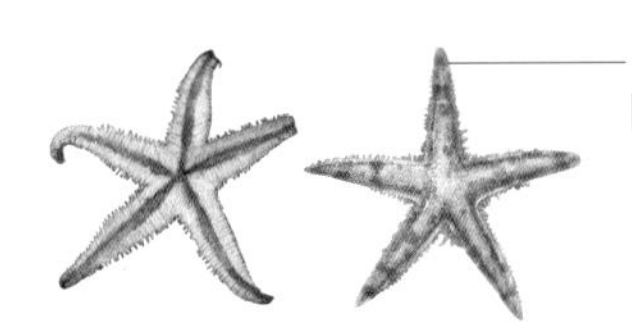

翻砂海星的口面和反口面。

通过观察海星嘴巴的位置，我们可以判断海星的正反面。有嘴巴的那一面叫作口面，另一面则叫作反口面。海星的嘴巴不但是进食的通道，也负责排出不能消化的食物残渣。

海星的嘴巴在“星星”中央。

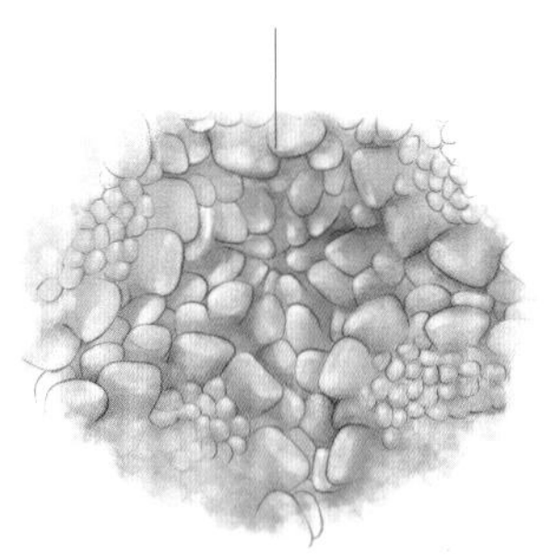

海星爱吃肉

海星行动十分缓慢，却是一位肉食爱好者，喜欢吃各种贝类。它们怎么撬开贝类的壳呢？海星会利用自己腕上强有力的吸盘把贝壳拉开，然后享用美餐。

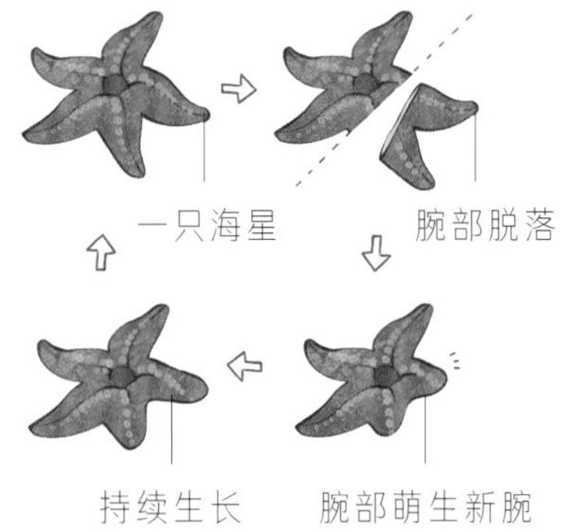

海星的“再生术”

海星拥有强大的再生能力，可以修复受伤的腕，有的甚至可以从脱落的腕上再生出身体。

海葵不是花

海葵，刺胞动物门，珊瑚纲，海葵目，海葵科

海葵也是动物吗？没错！海葵虽然没有骨骼，像海草一样摇摆着身体，但它们确确实实是一种动物。海葵属于刺胞动物，也叫腔肠动物，这是一种构造很简单的动物，甚至连大脑都没有呢。它们生活在热带海洋的沿岸水域中，喜欢依靠在海底的岩石上。随海水摇摆的部分是它们的触手，这些看似美丽的“花瓣”其实随时做着捕食准备呢。

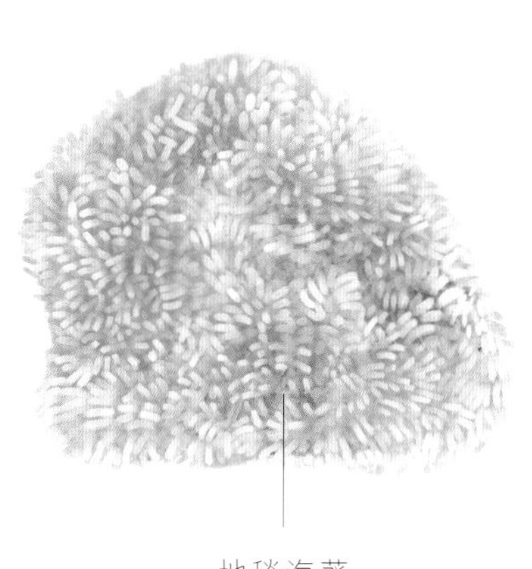

地毯海葵

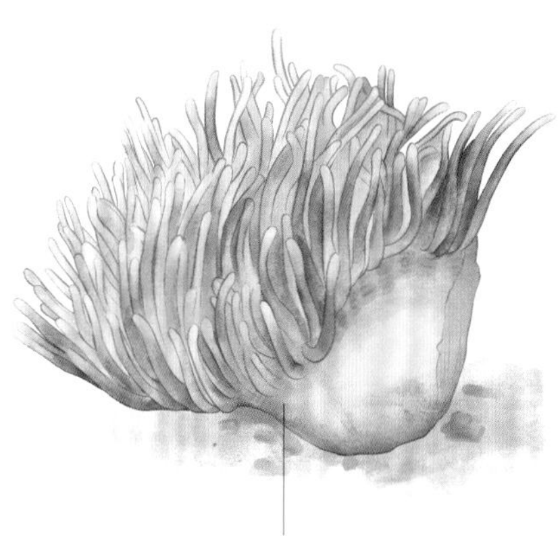

夏威夷海葵

拳头海葵

火眼金睛

海底还有一种美丽的腔肠动物——珊瑚虫，它们和海葵长得很像。在热带地区的沿岸海水中常能见到珊瑚虫骨骼堆积而成的珊瑚礁。珊瑚虫是喜欢群居的动物，而海葵更爱独来独往。

海葵的好邻居

海葵还有另一个秘密武器——它们的好邻居小丑鱼。小丑鱼凭借身上的黏液可以不被海葵的毒液伤害。小丑鱼会为海葵带来食物。而当小丑鱼遇到危险时，就会躲进海葵的触手里。这样互相帮助的关系被称为“共生”。

海葵有毒吗？

海葵看起来像花朵一样美丽，但是小心，海葵的刺丝囊可以分泌毒液哟，它们的毒液足以麻痹小型动物。

飞行高手信天翁

信天翁，脊索动物门，鸟纲，鹱（hù）形目，信天翁科

信天翁是世界上体形最大的海鸟之一，它们几乎一生都在海上漂泊，时而浮在海面上，时而飞上天空。它们的翅膀十分长，能借助风力托起相对沉重的身体，在空中长时间飞行或滑翔，信天翁一年飞过的“路程”加起来可以绕地球三圈呢。勇敢的信天翁会飞到波涛汹涌的海面寻找食物，它们趾间长有蹼的小短腿能让它们适应海面上的生活。

漂泊信天翁的翼展可以达到3米多。

忠诚的夫妻

信天翁夫妻几乎相伴一生，信天翁妈妈每次只产一枚卵。信天翁幼鸟属于晚成雏，需要父母轮流喂养一个半月左右才能离巢。信天翁父母可以为了孩子的一餐飞行近万千米。

短尾信天翁会变色？

生活在我国的短尾信天翁是一种珍稀鸟类，它们的喙呈美丽的淡粉色。幼鸟的羽色是深褐色的，当它们成熟后，羽色会变为白色，头顶和背部带有棕黄色。

体形巨大的信天翁也有“苦恼”。因为体形巨大，信天翁在地面上显得有些笨拙，起飞的时候它们也必须借助风力或助跑才能让笨重的身体飞起来。

鲣（jiān）鸟的大脚

鲣鸟，脊索动物门，鸟纲，鹈形目，鲣鸟科

鲣鸟是生活在温带和热带的海鸟，它们身上最吸引人眼球的就是那双色彩明亮的大脚，这可是它们独特的“游泳装备”呢。鲣鸟还是捕鱼能手，它们尤其擅长俯冲到海面，再潜入海中捕食小鱼。不过在它们获得食物之后，需要提防另一种海鸟——被称为“海上强盗”的小军舰鸟。小军舰鸟会在空中不断骚扰其他鸟类，抢夺它们口中的食物。

褐鲣鸟生活在我国南方地区。

鲣鸟们孵卵用的也是那双美丽的大脚，它们会利用大大的蹼护住卵，并保持温度，直到鲣鸟宝宝出生。

看脚选配偶

雄性蓝脚鲣鸟会在求偶时，缓慢地交替抬起双腿，骄傲地向雌鸟展示自己色彩明亮的大脚，双脚的色彩越鲜艳就能获得越多雌鸟的青睐。

渔民的“导航鸟”

红脚鲣鸟每天的作息很有规律——清晨飞到海上觅食，傍晚飞回栖息地。渔民如果在海上迷失航向，跟着红脚鲣鸟就能找到返航的方向，所以红脚鲣鸟又被称为“导航鸟”。

探索海面之下

浅海海域的海底比较平坦，水深不超过500米。这里的海水能得到比较充足的阳光照射，还伴着潮汐涨落。

远洋海域则是海洋中最神秘的区域，在这里生活着的许多动物，至今还未被人类完全了解。海底所能接收到的光线有限，因此许多居住在深海的动物视力很差，仅仅能够感受弱光。它们要怎么生存呢？

我们没有太多机会在海洋里畅游，亲眼看看动物们的海中生活，不过接下来你可以在书里找找答案。

流淌蓝色血液的鲎(hòu)

鲎，节肢动物门，肢口纲，剑尾目，鲎科

鲎是真正的“老古董”，在4亿年前，它们便是海洋里最兴旺的家族之一。鲎的长相比较奇特，它们的头、胸部没有明显的分界线，外形像一块马蹄。身体末端还长有能摆动的尾剑。鲎的这根尾剑并没有防御功能，不过，当鲎被意外翻面时，可以借助尾剑再翻转回来。或许乌龟会羡慕它们拥有这么好的尾剑吧！

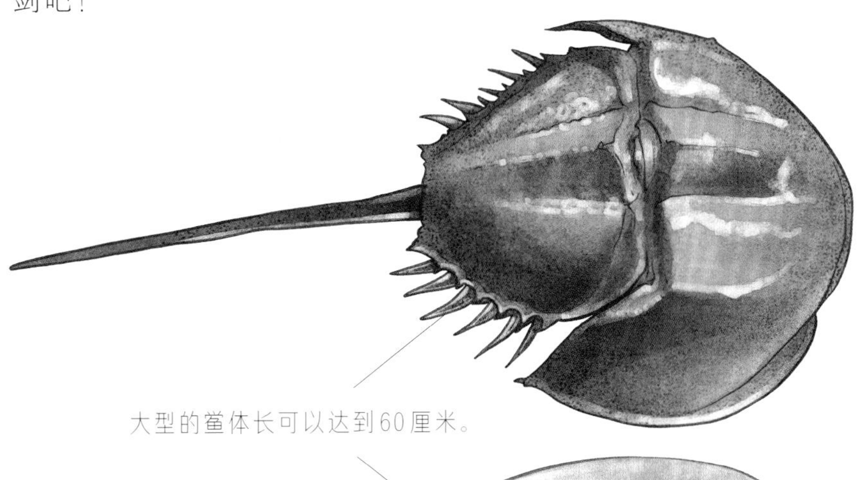

大型的鲎体长可以达到60厘米。

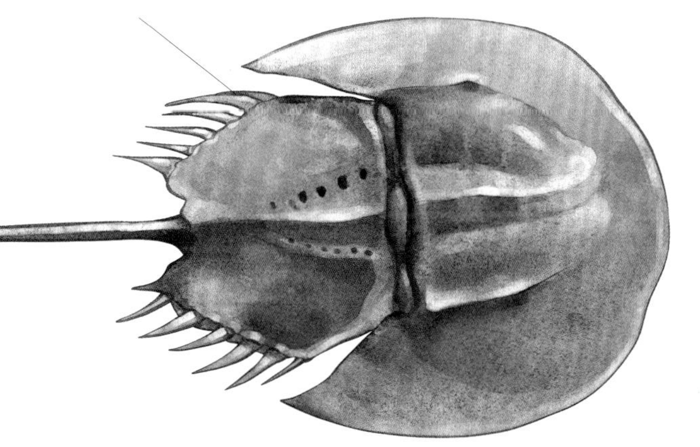

“海底鸳鸯”

雌雄鲎一旦结为夫妻，无论是吃饭还是休息都会形影不离，而且强壮的鲎妻子还经常驮着瘦小的鲎丈夫慢悠悠地散步呢。

“半永久”的壳

鲎的壳其实不是永久的哟，它们发育成熟前会经历十余次蜕壳。

血液是蓝色的？

鲎流淌着蓝色的血液，这是因为它们的血液中含有血蓝蛋白。血蓝蛋白是一种参与动物呼吸作用的色素，遇到氧气之后就会呈现蓝色。其实许多节肢动物的血液都是蓝色的，比如虾和蟹。

不会弹琵琶的琵琶虾

虾蛄，节肢动物门，软甲纲，口足目，虾蛄科

如果琵琶虾对你来说有些陌生，那么你一定吃过皮皮虾吧，其实它们都是虾蛄的别称。琵琶虾家族庞大，在浅海和深海都有分布。琵琶虾的身体分成许多体节，比普通虾类背部更宽。它们扁平的尾足和尾甲一起展开，像一把小扇子。第二对胸肢尤其发达，如同小砍刀一样在头部两侧高举，那是它们猎食的武器。仔细看看，这对“小砍刀”是不是和螳螂的前足有些像呢？

大型的琵琶虾能长到跟人类小臂一样长呢。

琵琶虾可能是拥有别名最多的动物了：皮皮虾、富贵虾、螳螂虾、濑尿虾等。

雌琵琶虾还是雄琵琶虾？

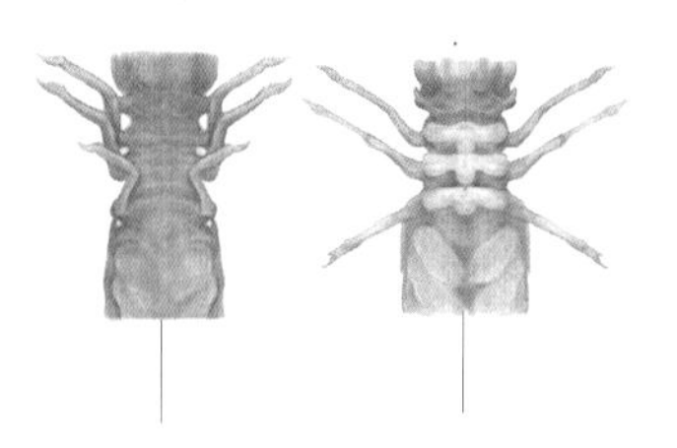

雄性　　雌性

琵琶虾如何分辨雌雄呢？最简单的方法是观察它们的脖子内侧，有明显的白色线条的是雌性。

虾宝宝成长日记

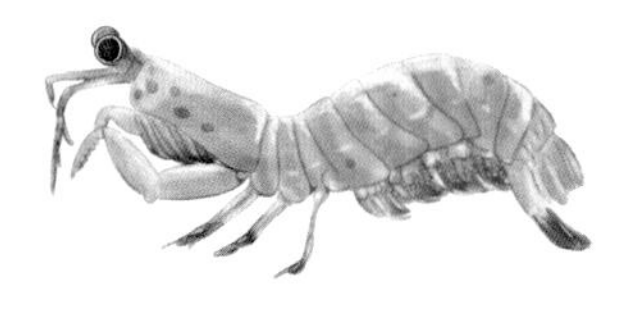

到了繁殖季节，虾妈妈会将卵放在腹部携带一段时间，这段时期叫作抱卵。成功受精的虾卵会在孵化后生出黑色的点，破卵而出的虾宝宝还没有体节，随着成长，它们会最终长成我们所熟悉的虾。

琵琶虾是一种营养丰富、味道鲜美的海鲜，而且做法多种多样，即使简单水煮味道也十分鲜美哟。

海洋精灵——水母

水母，刺胞动物门，钵水母纲、十字水母纲以及立方水母纲

水母是一种古老而美丽的水生生物，它们看起来就像一把带着流苏的圆伞，有的还会发光呢。我们最熟悉的一种水母就是海蜇了。海蜇皮就是它们伞状的身体，伞边缘的“流苏”其实是带刺的小触手，这些感觉器官能捕捉外界信息，吸引猎物。而海蜇头就是它们的口柄，在口柄上伸出的是口腕，有些水母的口腕可以直接吸食营养。

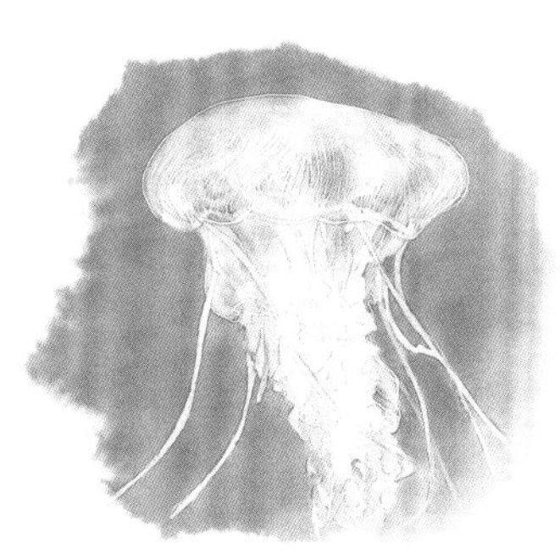

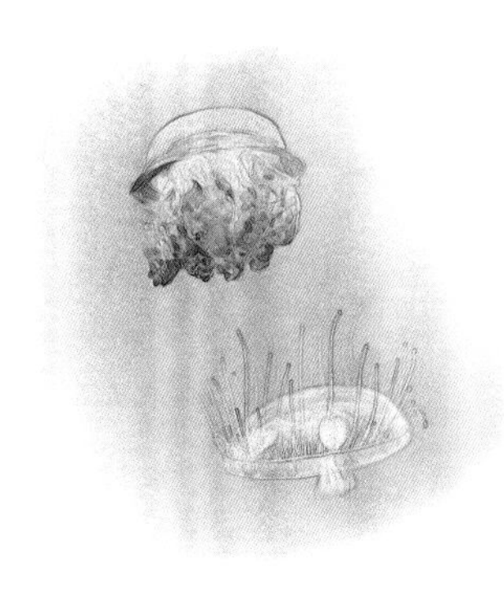

水母的身体是透明的，这是因为构成它们身体的主要成分是大量的水和胶质。

水母从出生到长大可要经历很久的历险呢。水母先产出浮浪幼虫，经过一段时间的游动生活后，这些幼虫就会找到一个固定的地方驻扎下来，变成像海葵一样的螅状幼体。

再发育一段时间后，螅状幼体会开始分裂，看起来就像一个个小盘子叠在一起。

当这堆“小盘子”成熟之后，就会依次脱落，成为一只只碟状幼体。最终，碟状幼体长大，变成了我们常见的水母形态。

水母有毒吗?

海洋中的这些精灵虽然美丽，但大多具有带毒液的刺丝。它们分泌的毒素不仅能够抵御其他海洋动物的攻击，还会对人类的皮肤造成伤害。

海里有“兔子”

海蛞蝓（kuò yú），软体动物门，腹足纲，后鳃目，海兔螺科

你有没有见过鼻涕虫呢？它们的学名叫作蛞蝓，是蜗牛的近亲。海里也有蛞蝓吗？当然，它们还十分美丽呢！海蛞蝓其实不是蛞蝓，而是一种甲壳类软体动物，不过它们的贝壳早已经退化为内壳。你瞧，海蛞蝓身体圆滚滚的，头顶着一对触角，看起来就像海里的小兔子，所以海蛞蝓又被我们称作“海兔”。

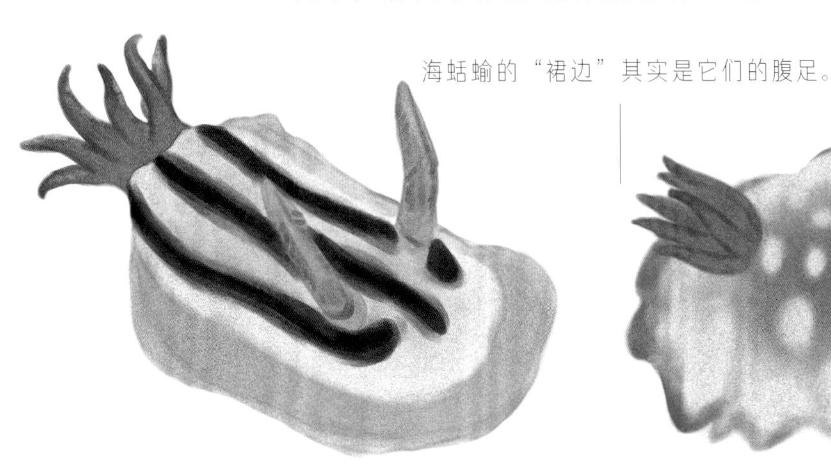

海蛞蝓的“裙边”其实是它们的腹足。

美丽的色彩很危险

海蛞蝓大多体色鲜艳，不过要小心，它们会释放毒素！所以，海蛞蝓鲜艳的颜色其实是在警告敌人：“别碰我，我有毒哟！”

海兔大变色

海蛞蝓还有一项特殊的“才艺”——变色。它们吃什么颜色的藻类，就能将身体变成近似的颜色，猜猜这些海蛞蝓刚刚吃了什么颜色的海藻？

你知道吗？

海蛞蝓是通过鳃呼吸的。它们的鳃长在身体后侧，像小触手一样伸出体外。这下你知道它们为什么属于后鳃动物了吧？

美丽的章鱼有剧毒

章鱼，软体动物门，头足纲，八腕目，章鱼科

章鱼大都长着八条腕足，所以经常被人叫作“八爪鱼”。它们是一种很聪明的无脊椎动物，内骨骼几乎完全退化，因此身体能够自如收缩，轻松钻进狭小的缝隙内。虽然生来没有壳，章鱼们却很热衷于“找房子”的游戏，它们时常钻进洞穴、罐子或是动物的骸骨中休息。

蓝环章鱼很危险

这种小章鱼个头不大，可是有剧毒。遇到危险时，蓝环章鱼不仅会分泌出毒液，身上的蓝环也会像灯一样亮起来警告对方。它们释放的毒液对人类来说也是致命的。

伪装大师

大多数章鱼能依据环境和状态改变自身颜色甚至体态。不过更多时候，章鱼和乌贼一样，借助墨囊喷出“墨汁”，作为保护自己的方式。

吸盘力气大

章鱼的腕足上长有许多吸盘，它们不仅能“品尝”出食物的味道，而且还有强大的吸力，有的章鱼能用吸盘拖动比自己身体重得多的重物呢！

乌贼不是贼

乌贼，软体动物门，头足纲，乌贼目，乌贼科

乌贼又叫墨斗鱼，它们的身体像个橡皮袋子，共10条腕足。头部的大眼睛具备角膜、晶状体和虹膜等结构，是十分发达的视觉器官，良好的视力让它们成为捕猎和逃脱的能手。乌贼到底是什么颜色呢？这就要看它们的心情啦。乌贼的皮肤中有一种色素小囊，能随时改变自己身体的颜色。

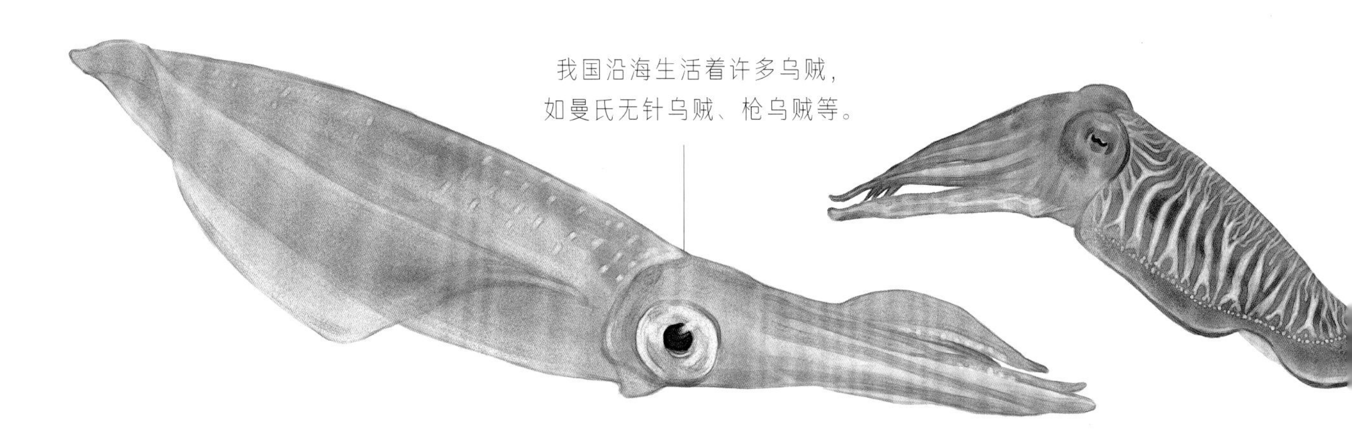

我国沿海生活着许多乌贼，如曼氏无针乌贼、枪乌贼等。

乌贼有骨头吗？

乌贼虽然是软体动物，但它们有硬硬的骨状内壳，这些内壳富含钙质和碘元素。一些鸟儿会啄食这些白色的长条状骨骼，对鸟儿来说那可是天然的营养补充剂。

乌贼为什么喷墨汁？

乌贼的墨汁是从位于肛门的墨囊喷出的。这种特殊的墨汁是一种叫作生物碱的物质，可以麻痹敌人，干扰敌人的嗅觉。趁着敌人晕头转向的时候，乌贼就可以溜之大吉啦。

神秘的大王乌贼

大王乌贼又叫大王鱿，是一种神秘的动物，平均体长超过10米。就算是体重超50吨的“重量级选手”抹香鲸与大王乌贼搏斗都会伤痕累累呢。

海底“活化石”

鹦鹉螺，软体动物门，头足纲，鹦鹉螺目，鹦鹉螺科

鹦鹉螺是乌贼的“亲戚”，但是看起来和田螺很像，实际上鹦鹉螺和田螺大有不同哟。鹦鹉螺的壳是呈平面卷曲的，而田螺的壳是螺旋状扭转的。你看，鹦鹉螺露出贝壳的头和足，和乌贼是不是很像呢？鹦鹉螺是肉食主义者，主要捕食海中的小鱼、甲壳类动物和软体动物。

大多数时间鹦鹉螺都栖息在海底，偶尔游动。

田螺

鹦鹉螺的触手上没有吸盘。

“鹦鹉螺号”潜水艇

鹦鹉螺可以通过吸水、排水控制潜水深度，这样精巧的身体结构启发着人类，世界上第一艘核动力潜艇就被命名为“鹦鹉螺号”。

你知道吗？

鹦鹉螺早在5亿年前就已经出现，因此被誉为海底的“活化石”。在头足纲动物中，人们发现了大量的化石种类，它们都曾是地球生命的一员。

触手作用大

鹦鹉螺的触手有60~90条，看起来就像老爷爷长长的胡须一样。这些触手各有分工，有的负责捕食，有的负责警戒，还有的负责把身体固定在岩石上。

鲨鱼是鱼吗？

鲨鱼，脊索动物门，软骨鱼纲，鲨总目

一提到鲨鱼，我们脑中可能会出现海面上移动的三角形鱼鳍，这似乎成了危险的标志。但了解它们之后，也许你会喜欢上这种动物哟。

鲨鱼的外形和鲸类很像，但它们是一种海洋鱼类。和常见的鱼儿不同的是，鲨鱼的骨头都是由更有弹性的软骨构成的，这使它们能够适应深海高压强的环境。完美的流线型身材则使它们行动快如闪电，不过也有一些鲨鱼是慢性子，行动很迟缓。

鲨鱼的鱼鳃在哪里？

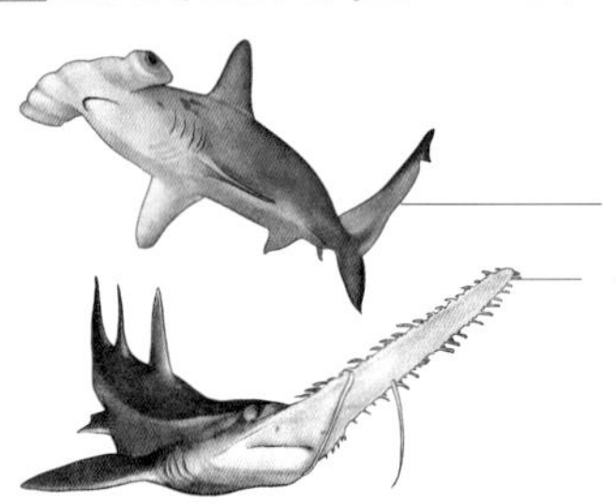

大多数鱼的鳃在脸颊两侧，而且有鳃盖遮挡。鲨鱼和其他鱼类一样通过鳃呼吸，但它们的鳃开口却在头部两侧，一般有5对。

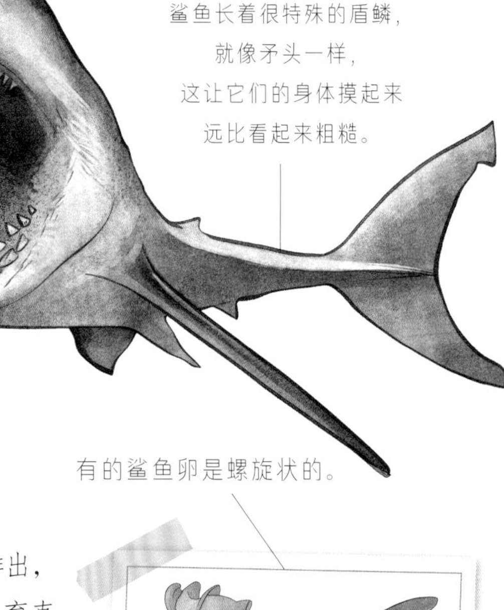

鲨鱼长着很特殊的盾鳞，就像矛头一样，这让它们的身体摸起来远比看起来粗糙。

憨憨的鲸鲨

鲸鲨体长最长可达20米，还长着一张超过1米宽的大嘴，是世界上最大的鱼类。不过它们性情很温和，平时喜欢慢悠悠地在海面游动，被人们亲切地称为“大憨鲨”。

有的鲨鱼卵是螺旋状的。

鲨鱼宝宝的三种出生方式

卵生。卵从鲨鱼妈妈的身体排出，依附在海草上，胚胎在卵囊中发育直到成熟。

卵胎生。胚胎连同卵囊一起在妈妈体内发育，胚胎从卵囊获得营养，而不是从母体获取营养。

假胎生。胚胎早期从卵囊中获取营养，到了后期，胎儿会从妈妈血液中直接获得营养，和胎生动物相似。

海底飞毯——蝠鲼(fèn)

蝠鲼，脊索动物门，软骨鱼纲，燕 魟(hóng)目，鲼科

软骨鱼类中除了鲨鱼还有另一种鱼类——鳐。它们大多身体扁平，拖着长长的尾巴，在海洋中游动起来犹如一张飞毯。蝠鲼就是其中的一个代表，它们身披“黑斗篷”在海洋中游动时就像一个神秘的幻影，因此蝠鲼还被叫作魔鬼鱼。你看，它们是不是还跟蝙蝠有些像呢？

蝠鲼的鳃在哪里？

蝠鲼的鳃在哪里呢？如果这个时候，有一条蝠鲼从我们头顶游过，答案就出现了：原来它们的鳃开口在腹面啊。

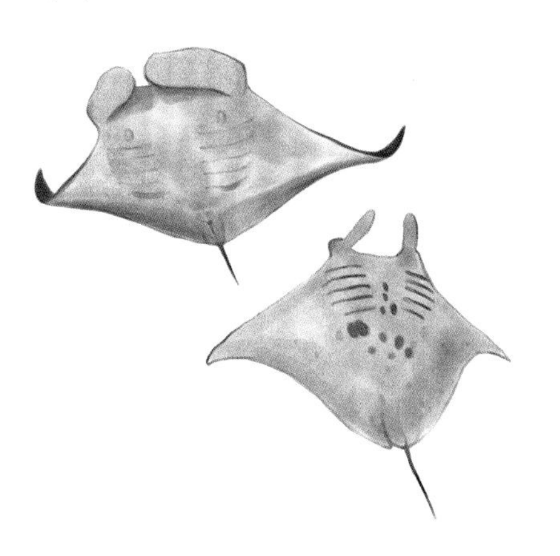

蝠鲼真的有翅膀吗？

它们身体两侧的“翅膀”其实是鱼鳍。此外，在蝠鲼的头部还长着吻鳍，像一对扳手。这样的鱼鳍不但能让它们遨游在大海里，还能帮助它们驱赶猎物呢。

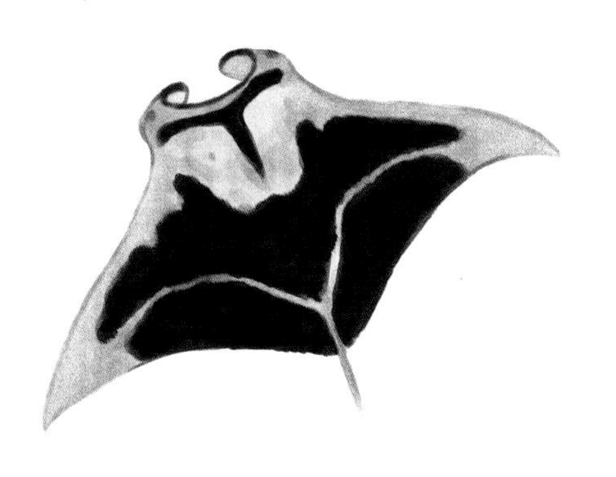

蝠鲼不带电

蝠鲼长着细长的鱼尾，但并不带电。不过它们的“亲戚”电鳐能够放电捕猎和防御，它们的发电器官位于头胸部，释放的电量能击晕甚至杀死其他鱼类呢。

雌雄大不同

鮟鱇鱼，硬骨鱼纲，鮟鱇目，鮟鱇科

动物们会为了适应生活环境不断进化，身体和行为习惯也会产生巨大的差异。鮟鱇鱼身上就有着许多适应底栖生活的特点。

这类丑丑的鱼身体扁平，几乎完全贴在海底。笨拙的它们对游泳不太在行，只能靠大而有力的胸鳍在海底爬行。鮟鱇鱼的大脑袋呈圆盘状，头顶伸出一条肉质的“触手”，这条“触手”可是它们捕食的重要装备。在昏暗的深海中，鮟鱇鱼的“触手”能够发光和摇晃，引诱猎物靠近。

雄性鮟鱇鱼在哪里？

别误会，这两条鱼可不是母子，而是夫妻！你知道吗？雌性鮟鱇鱼比雄性体形大数十倍呢。雄性鮟鱇鱼常常寄生在雌性鮟鱇鱼身上，汲取雌性体内的营养，而且这样的夫妻关系会持续一生哟。

鮟鱇家族还有谁？

我国常见的鮟鱇鱼有黄鮟鱇和黑鮟鱇，它们都生活在深海中，体形最大的能达到 1.5 米呢。

“小灯笼”发光的秘密

鮟鱇鱼头顶的“小灯笼”里有能分泌光素的腺细胞。在黑暗的深海中，这只“小灯笼”会吸引许多小鱼前来，这样一来，不擅长游泳的鮟鱇鱼就能轻而易举地获得食物啦。

美丽的“小箱子”

箱鲀，脊索动物门，硬骨鱼纲，鲀形目，箱鲀科

在珊瑚丛生的温暖海域，生活着一群可爱的“小箱子”——箱鲀。这种外形奇特的鱼儿全身都覆盖着骨板，只有眼睛、鳍和嘴巴能动，所以它们的游速十分缓慢。箱鲀的身体色彩丰富，斑点醒目。还记得吗，这样一件靓丽的“外衣”，在大自然中往往代表着“我很危险，请勿靠近”！箱鲀在遇到危险时会分泌毒素，这些毒素的原材料平时就藏在它们的皮肤黏液中。

“不要被我的外表迷惑哟！”

会移动的小箱子

箱鲀的身体又短又胖，而且不像其他鱼儿那样能肆意扭动，看起来有点儿呆头呆脑的。美丽的箱鲀经常被当作观赏鱼类，快去水族馆找找它们的身影吧。

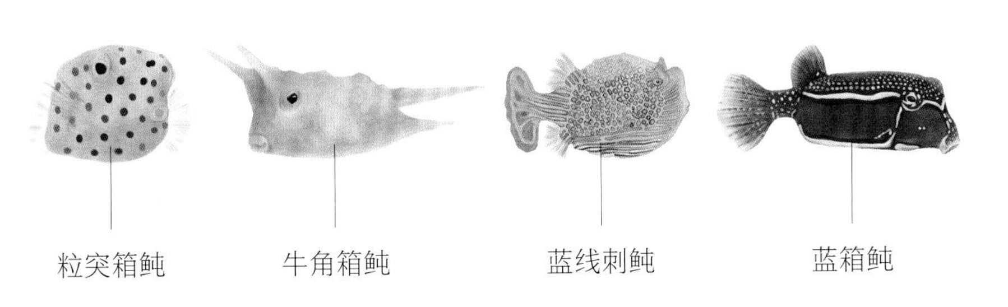

鲀有毒吗？

除了箱鲀，鲀形目的许多种类都会释放毒素，比如我们最熟悉的河鲀。河鲀的毒素是一种非常强烈的神经毒素，分布在它们的血液、内脏、生殖腺、皮肤等不同位置。

“气鼓鼓”

一些鲀类拥有能够让身体胀大的气囊，当受到威胁时，它们会把身体胀得圆鼓鼓的，它们皮肤表面的小刺也会竖立起来，起到威慑和防御的作用。

小丑鱼不丑

小丑鱼，脊索动物门，辐鳍鱼纲，鲈形目，雀鲷科

还记得《海底总动员》的主角尼莫吗？它就是一条小丑鱼哟。小丑鱼有许多不同的种类，但它们的身体上，尤其是脸部都有醒目的白色条纹，就像京剧中的“丑角”一样，所以它们得了这样一个“丑名”。我们最熟悉的品种叫作公子小丑鱼，也叫眼斑双锯鱼，它们的身体底色为橘红色，头部、腹部和尾部都长着白色的条纹。

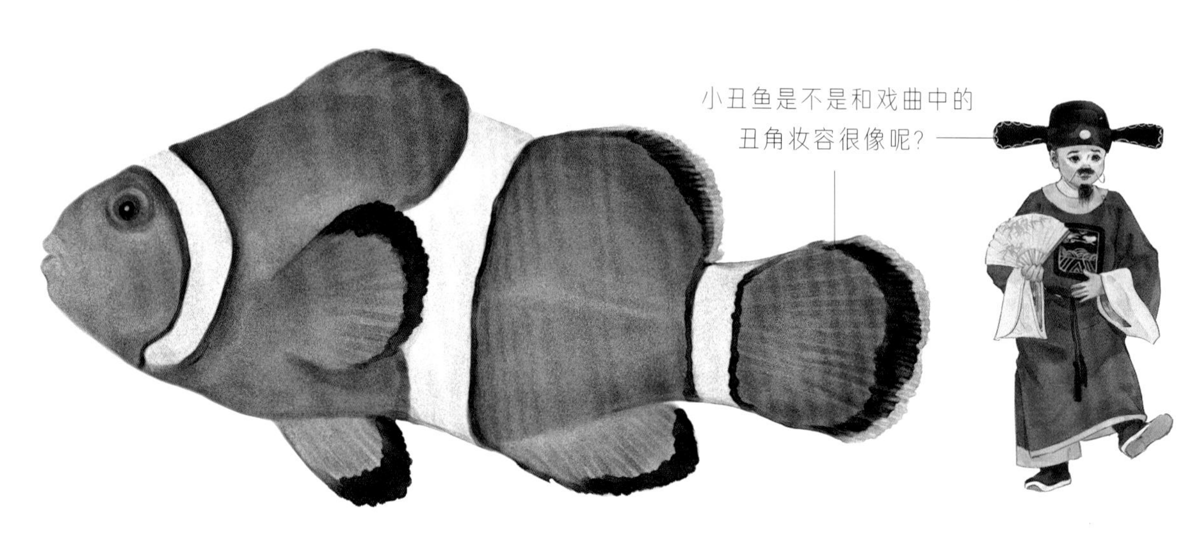

性别的秘密

小丑鱼的性别可是个谜。因为所有刚刚长大的小丑鱼都是雄性的，可某一天群体中最强壮的一条会发育为雌性，成为领导者。当它死去之后，又会有另一条雄性小丑鱼接过这项伟大的任务。

小丑鱼不丑

小丑鱼生活在温暖的海域中。常见的有透红小丑鱼、鞍背小丑鱼以及黑双带小丑鱼等。小丑鱼因为亮丽的体色经常被展示在水族馆中，快去水族馆里看看吧。

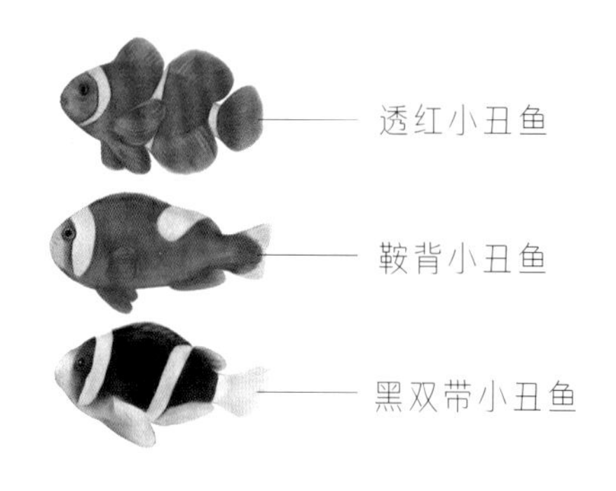

你知道吗？

还记得小丑鱼的好邻居海葵吗？其实，并不是所有海葵都适合小丑鱼生存的，小丑鱼都要精挑细选一番呢。

海里的马不是马

海马，脊索动物门，硬骨鱼纲，刺鱼目，海龙科

大家都知道海马和陆地上的马是两种生物，可海马到底属于什么动物呢？其实，海马是一种小型鱼类，只有5~30厘米长。它们游动的时候大多是把身体竖立起来的，有的头和身体还会呈90°角，这在鱼类里可是独一无二的。海马的嘴巴像一根吸管，突出在脸部前方。它们的身体大多覆盖着骨板，因此游动的时候身子几乎不晃动。更多时候，它们喜欢把卷曲的尾巴勾在海草上休息。

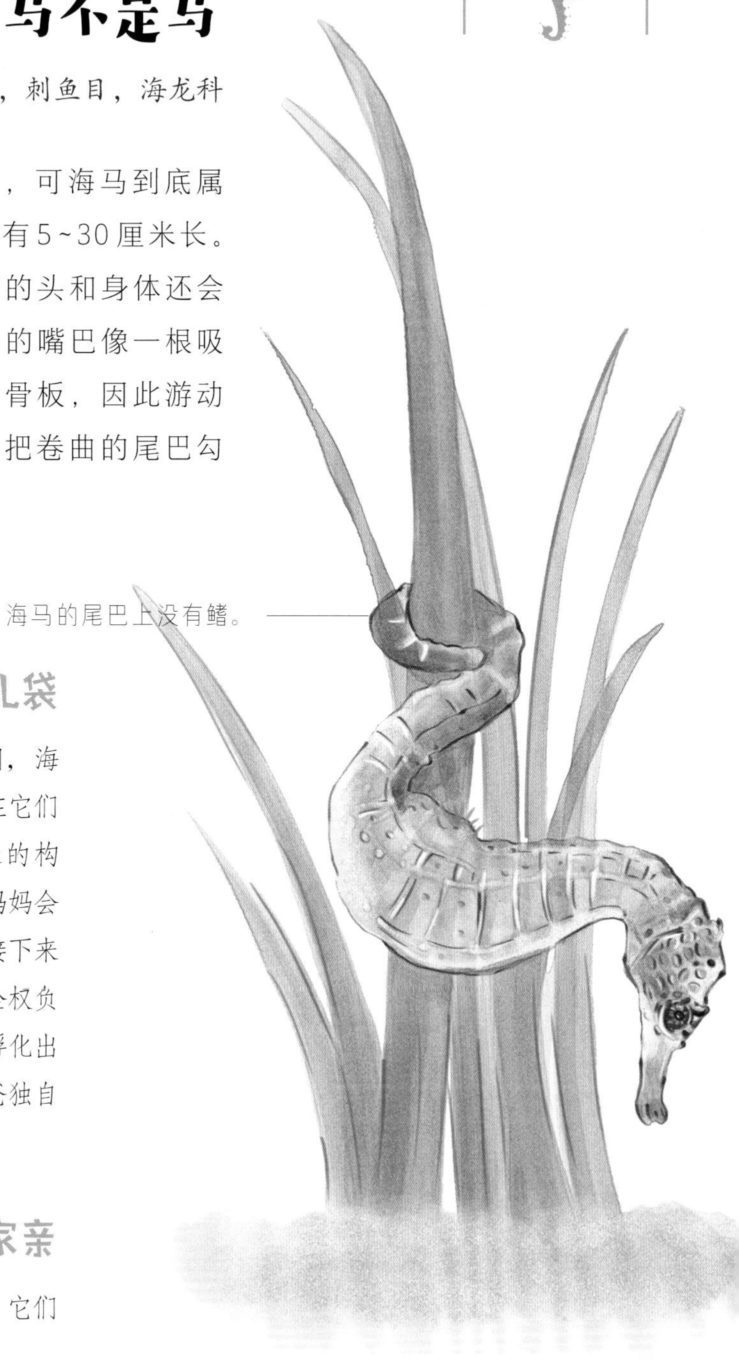

海马的尾巴上没有鳍。

海马爸爸的育儿袋

每当进入繁殖期，海马爸爸都异常忙碌。在它们的身体中有一个特殊的构造——育儿袋。海马妈妈会把卵产入育儿袋里，接下来的事就交给海马爸爸全权负责了。从给卵受精到孵化出小海马，都是海马爸爸独自完成的哟。

海马、海龙一家亲

海马是海龙科的一员，海龙的身材比海马更加苗条，它们拥有相近的身体构造和育幼行为，是一对动物近亲。

管海马、三斑海马

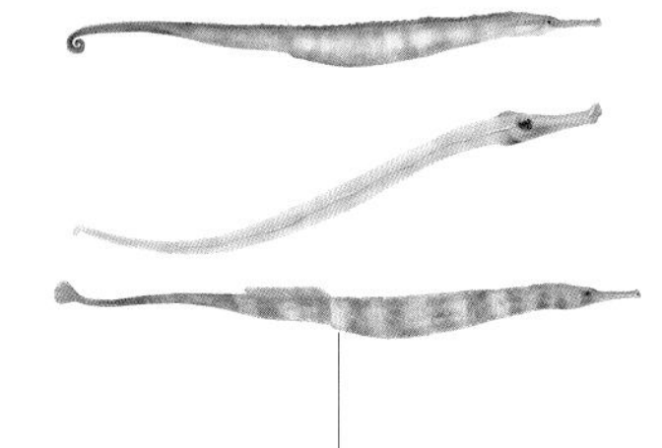

金海龙

刁海龙、拟海龙、尖海龙

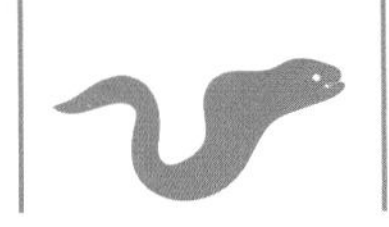

凶猛的海鳗

海鳗，脊索动物门，硬骨鱼纲，鳗鲡目，海鳗科

海鳗嘴里长有参差不齐的尖牙，好像在向我们宣告着：“我很凶猛！”海鳗身材纤长，长着扁平的尾巴，光滑的身体表面没有鳞片覆盖。它们背部的鳍和臀鳍、尾鳍完全连在一起，就像马的鬃毛一样。海鳗喜欢躲藏在海中的岩石缝隙里，即使在水族馆里，我们也经常找不到它们的踪影。

凶猛的海鳗

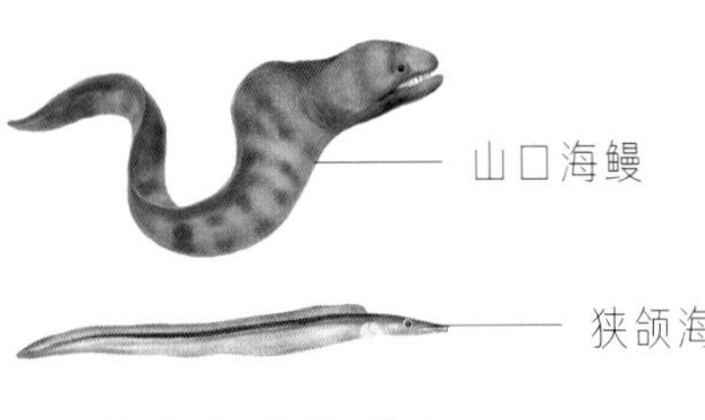

别看海鳗体形不大，但它们可是一种很凶猛的食肉动物哟。细长的身材让它们游泳十分迅速，一口尖牙十分锋利，有时它们还会捕食乌贼和章鱼呢！

海鳗会放电吗？

提到“鳗”，你有没有想起一种叫“电鳗”的鱼类呢？它们能够放电击晕鱼群，随后展开捕食，所放出的电量足以让人晕眩。不过，电鳗和海鳗是两种完全不同的鱼类，甚至连“亲戚”也算不上。

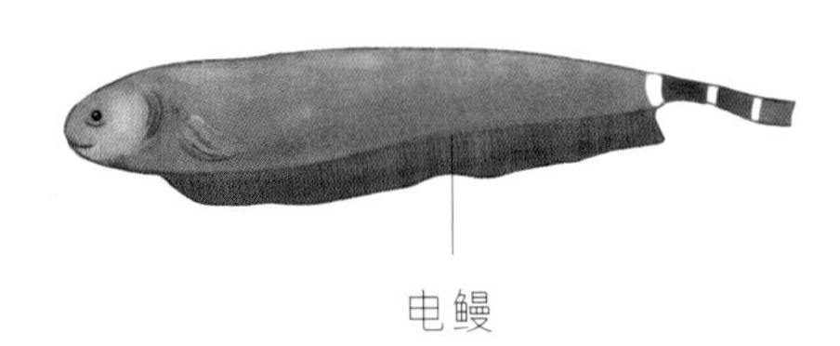

共生联盟

海鳗也有一种“共生盟友”——清洁虾。清洁虾以鱼类身上的死皮和寄生虫为食，它们在“工作”时不仅享受了美餐，还能受到海鳗的保护，而海鳗也享受了“免费”的清洁服务。

长寿的海龟

海龟，脊索动物门，爬行纲，龟鳖目，海龟科

乌龟是我们很熟悉的动物朋友，海龟和它们同属于龟鳖目。那么海龟和乌龟有什么区别呢？你肯定见过乌龟遇到危险的时候把脑袋、四肢和尾巴都缩回壳里吧？海龟就没有这个本领，它们的四肢形状也和乌龟相差很多。海龟的身体比乌龟扁平一些，呈流线型，四肢也比较宽大、扁平，就像船桨一样，让它们能自由地遨游在海洋中。

海龟宝宝的成长历险

每当繁殖季到来，海龟妈妈们会纷纷爬上海滩产下卵。1~3个月后，小海龟们就会顶破蛋壳，爬出沙滩底。但海滩上危机四伏，许多鸥类会攻击弱小的海龟宝宝。当它们进入大海后，又要躲避一些凶猛的鱼类。不过等它们成年之后，天敌就会减少许多啦。

有时候，我们会看到海龟“流泪”，这是因为它们在水里喝的都是咸咸的海水，流泪是为了排出体内多余的盐分。

海龟的未来

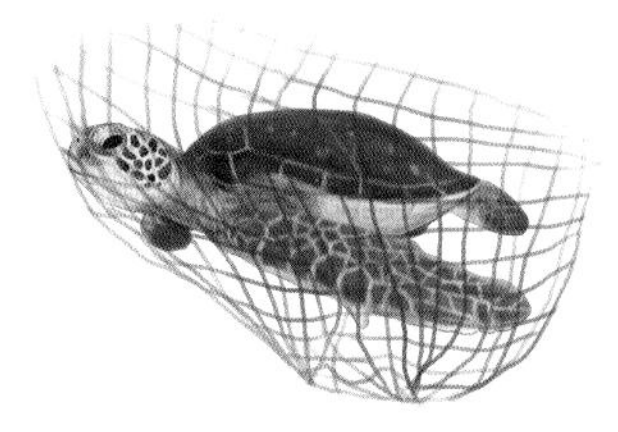

人类对海洋环境的破坏让海龟们面临新的生存挑战：误食塑料制品等海洋垃圾、被渔网勒住身体慢性死亡……海龟原本是一种长寿的动物，人类如果不能保护好海洋，这些长寿的动物也只能度过短暂的一生了。

智慧精灵——海豚

海豚，脊索动物门，哺乳纲，鲸目，海豚科

说到海洋中的哺乳动物，你一定能想到海豚。这种喜欢跟随船只游泳，不时跃出海面的动物不仅有强大的运动能力，还拥有发达的大脑，十分聪明。海豚和陆地上的哺乳动物有什么不同呢？

海豚妈妈带娃记

作为胎生的哺乳动物，海豚要经历漫长的孕期，才能产下宝宝。海豚宝宝在母乳的哺育下成长，海豚妈妈的乳汁会借助肌肉收缩，喷入宝宝口中。这样一来，就不用担心海水将乳汁带走了。

首先，它们身上的毛已经退化了，光滑的皮肤更有利于在水中穿梭。它们还拥有厚实的皮下脂肪，实现保暖的作用。

其次，它们的四肢退化成了鳍状。海豚拥有一对鳍状肢和水平的尾鳍，这让它们获得了强劲的水下动力。

此外，大多数哺乳动物的鼻子都位于脸部前侧，而海豚的鼻孔却长在头顶上，能够灵活开合。

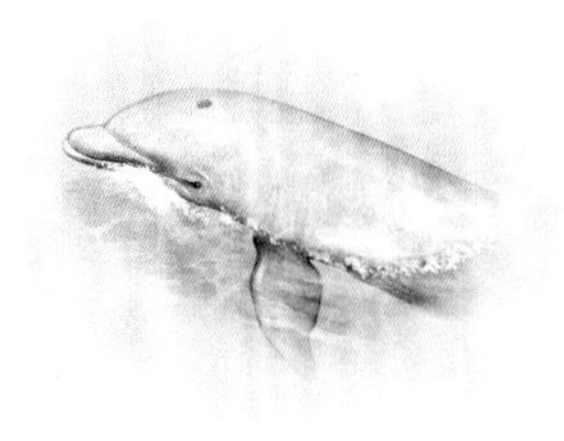

动物界的潜水艇

抹香鲸，脊索动物门，哺乳纲，鲸目，抹香鲸科

在鲸类中，抹香鲸是最好辨认的，这要归功于它们巨大的脑袋，这颗大脑袋足足占了体长的三分之一呢。远远看去，抹香鲸就像一只放大版的蝌蚪。抹香鲸是世界上最大的齿鲸，它们“小巧”的下颌长着牙齿，但上颌却完全没有。虽然看起来像一条巨大的鱼，但抹香鲸可是哺乳动物哟，它们是用肺呼吸的。

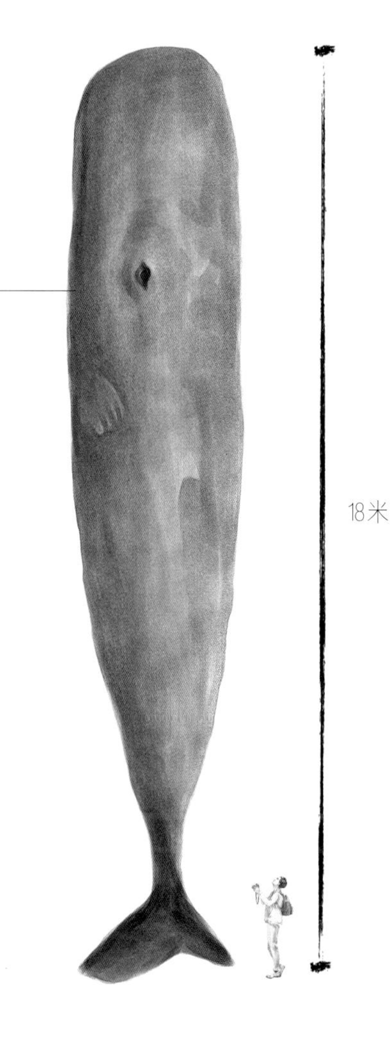

大海是水床

这样的巨兽是怎么睡觉的呢？睡眠的时候需要维持呼吸，因此抹香鲸会漂浮在海面上入睡，看起来像不像一根浮在海面的大木头呢？

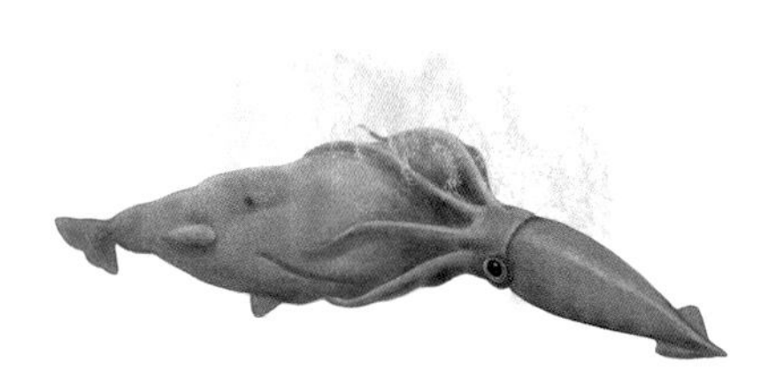

抹香鲸的巨型食物

抹香鲸的主要食物是乌贼。在深海中，抹香鲸还会猎食一种神秘的软体动物——大王乌贼。人们在一些抹香鲸身上发现了它们和大王乌贼搏斗留下的伤痕。

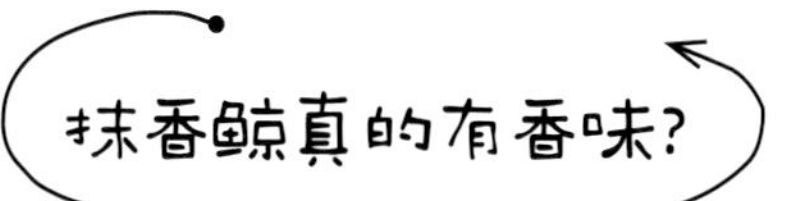

抹香鲸肠道中积累的不能消化的食物，会结成黑色的蜡状物质，排出后会漂浮到海面上。人们发现点燃它后会散发出强烈而持久的香气，因此为它取名为“龙涎香”。

海中的庞然大物

座头鲸，脊索动物门，哺乳纲，鲸目，须鲸科

成年座头鲸的体长约为 13 ~ 15 米，只有宽广的大海才能成为它们自由生活的家园。座头鲸是须鲸，它们会利用牙刷一样的鲸须滤食海洋中的鱼虾。它们爱好的美食和自身的块头相比，是不是显得很小呢？座头鲸在捕食的时候还有一个特别的妙招。它们会螺旋上升游动，同时吐出泡泡，在海面下形成“气泡阵”，困住鱼虾，然后就能尽情享用美餐啦。

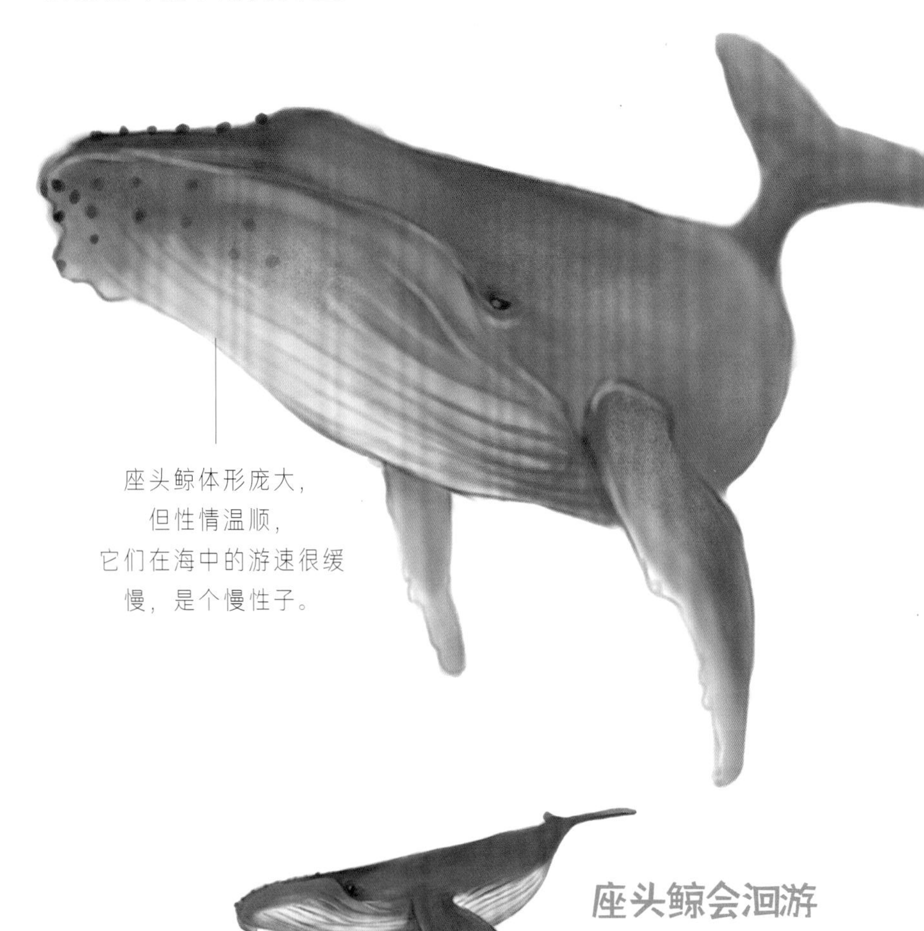

座头鲸体形庞大，但性情温顺，它们在海中的游速很缓慢，是个慢性子。

座头鲸有小胡子？

座头鲸的身体上没有毛，但是嘴巴周围长着很多小突起，上面还会长毛，就像一根一根的小胡子。

海洋“歌手”座头鲸

雄性座头鲸是天生的“歌手”，它们会发出不同频率的声音，组合成动听的歌。有时它们之间甚至会相互学习，进行“艺术交流”呢！

座头鲸会洄游

座头鲸也有洄游的习惯，每年冬天它们会洄游到温暖海域繁殖，夏季则到冷水海域索饵。

观察笔记

①身边的鸟巢

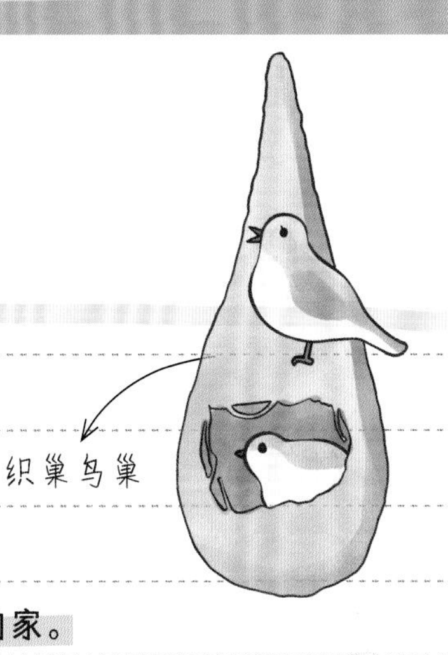
织巢鸟巢

你见过什么样的鸟巢呢？

试着把它们画下来吧，

你会领略到鸟类非凡的本领。

北京国家体育场的外观就是模仿了大自然中鸟类的家。

喜鹊的巢

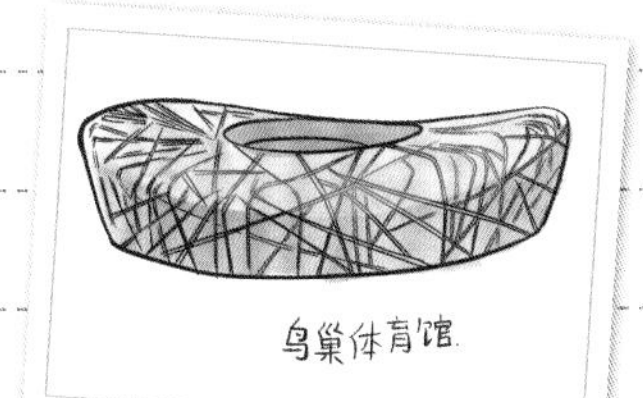
鸟巢体育馆

金丝燕窝

②我捡到的是什么？

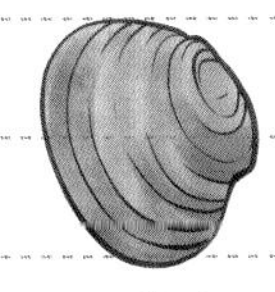
河蚌

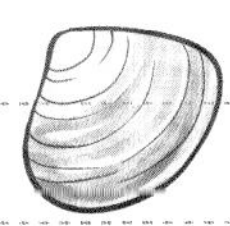
文蛤

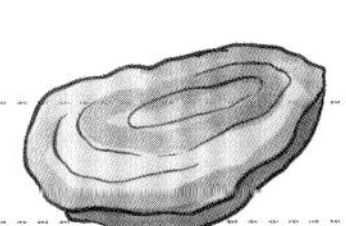
牡蛎

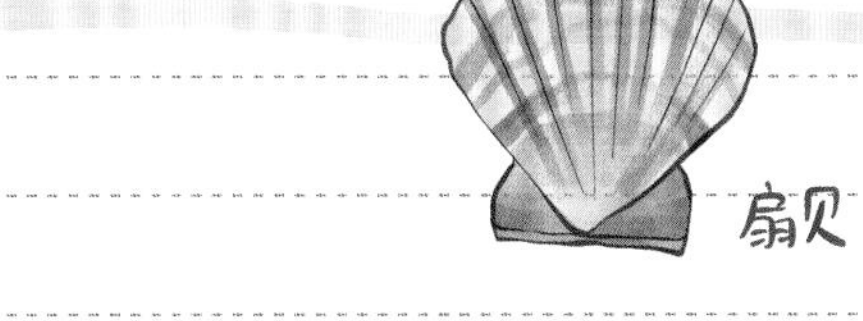
扇贝

在沙滩和河边，我们能找到不同的贝壳，

它们来自同一种动物吗？

它们是不是近亲呢？

请试着通过观察贝壳，

判断它们来自哪种动物。

贻贝

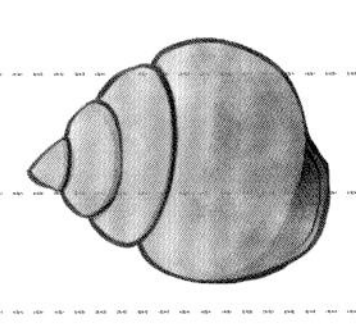
田螺

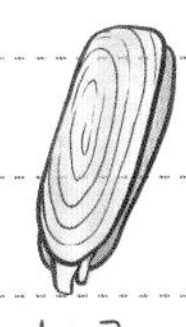
蛏子

查找资料，列出这种动物所属的纲、目、科等信息，判断一下它们关系的远近。最后，和你身边的人分享关于这些动物的趣闻吧。

致谢

《藏在身边的自然博物馆》是原创的科普百科绘本，它的每一个字、每一幅画，都是“纯手工打造”。

两位主编是对科普创作抱有极大热忱的老师，长久以来，他们在各自的岗位上不遗余力地向少年儿童传播科学知识和科学精神。此次能够合作出版这系列体系庞大、知识面广泛的图书，依赖平时经验的积累，他们是希望借此触达更多孩子，启发孩子的科普兴趣，培养孩子的探索精神。

美术指导宋瑶老师带领的北京科技大学插画团队，历时2年多，用一笔一画描绘了大自然的鬼斧神工。

两位作者都是资深的童书作者，也是大自然的探秘者、动植物的爱好者。她们用一字一句勾勒了动物和植物的灵魂。

同时，下面这些人在《藏在身边的自然博物馆》的成功启动上起到了关键的作用。他们在科普知识的梳理上及在文字的反复雕琢上，都费尽了心血。他们有的是专门的动、植物研究人员，有的是青少年科普活动的组织者，有的是活跃在基础教育战线的实践者。在此，郑重对他们表示感谢：首都师范大学教师宋傲修，中国科学院植物研究所博士费红红、张娇、吴学学、单章建，中国林业科学研究院硕士肖群瑶，华中农业大学博士李亚军，北京林业大学硕士滕雨欣、学士石安琪。

《藏在身边的自然博物馆》在这样一个优秀团队的努力下，用这种图文并茂的方式呈现给小读者，希望能够激发大家观察自然、探索自然的兴趣，滋养热爱自然、保护自然的情怀。